奶牛生产与保健技术

轩玉峰　王林枫　张　勇　郑文革　主　编

河南科学技术出版社

·郑州·

图书在版编目（CIP）数据

奶牛生产与保健技术/轩玉峰等主编．—郑州：河南科学技术出版社，2015.12
ISBN 978-7-5349-8036-7

Ⅰ.①奶… Ⅱ.①轩… Ⅲ.①乳牛-饲养管理 Ⅳ.①S823.9

中国版本图书馆 CIP 数据核字（2015）第 282671 号

出版发行：河南科学技术出版社
地址：郑州市经五路 66 号　　邮编：450002
电话：（0371）65737028　65788613
网址：www.hnstp.cn
策划编辑：李义坤
责任编辑：张　鹏
责任校对：董静云
封面设计：张　伟
版式设计：栾亚平
责任印制：张艳芳
印　　刷：河南龙华印务有限公司
经　　销：全国新华书店
幅面尺寸：140 mm×202 mm　　印张：4.875　　字数：125 千字
版　　次：2015 年 12 月第 1 版　　2015 年 12 月第 1 次印刷
定　　价：12.00 元

主编简历

轩玉峰，男，河南太康县人，教授，毕业于河南农学院畜牧兽医系。1979 年前先后在扶沟种马场，汝南县、驻马店市从事兽医临床工作，1979 年调入河南农学院教书。主讲《中兽医学》和《家畜产科学》。出版过《中西医结合防治常见鸡病》《母猪生产保健技术》《蛋鸡生产与保健技术》《家畜围产期医学（内部选修教材）》。主持过奶牛隐性乳腺炎防治和家畜口服补液盐两个课题研究，并获省科技进步奖。兼职中南区中西兽医结合学术研究会和河南省中西兽医结合学术研究会理事多年。2001 年退休后，被河南亿万中元生物技术科技有限公司聘为技术部顾问，为公司终端客户——畜禽养殖场和专业大户诊治禽、猪、牛病，并进行养殖技术指导、技术讲座，常年深入猪、牛、禽舍，足迹遍布河南及周边省份的广大村镇。直至今日，作者已 75 岁高龄，仍不时下鸡舍、窜牛场、进猪圈，为畜牧兽医事业奋斗不息。

本书编委会名单

主　　编　轩玉峰　王林枫　张　勇　郑文革

副 主 编　刘　贤　韩东良　张新厂

编写人员　轩玉峰　王林枫　张　勇　刘　贤

　　　　　郑文革　韩东良　张新厂　吴庆伟

　　　　　王前进　崔纪江　郭海山

前　言

我国奶业近年发展十分快速，奶业集团、养奶牛大户如雨后春笋。然而，奶业健康持续发展亟须解决的问题，是高产奶牛的培育、饲养和奶牛常发病的防控。

高产奶牛高峰期日泌乳量高达50千克以上，成一产乳机器。高产奶牛的品种选育固然重要，但使高产奶牛优质遗传生产性能充分表达，必须从犊牛开始。所以，本书第一章介绍的是犊牛的生存环境，如胎生环境异常引起死胎、弱仔，微生态环境异常引起犊牛腹泻等。犊牛一出生，其周围遍布病原微生物，必须把握犊牛免疫特征，才能采取适当措施保护犊牛健康成长。所以，第二章介绍的是犊牛的免疫，重点讲述犊牛免疫器官的幼稚无免疫记忆和免疫细胞未被抗原致敏的多能细胞。犊牛发生疾病是难免的，问题是如何预防，把损失减至最小，故第三章介绍的是犊牛常发病防治，重点讲述犊牛最多发的腹泻和混合感染性肺炎。

奶牛围产期是指产前产后的一段时间（产前产后2个月），此期是奶牛饲养管理的重中之重。此期奶牛从分娩前日产奶量为“0”过渡到分娩后4周日产奶量50千克。为适应产奶量骤增，此期奶牛器官生理和内分泌生理则要发生巨大变化，由于泌乳量的迅速增加，此期奶牛营养变化也一定很大，也有特殊的营养需求。同时，围产期也是奶牛疾病最易发生的时期，特别高产奶牛亚临床型乳热和酮病最为常见，一头亚临床型乳热患牛，其泌乳

期产奶量要减少近 400 千克。掌握此期奶牛的生理特征、营养特征及疾病的防治显得尤为重要。

本书主编轩玉峰教授曾主持过奶牛隐性乳腺炎和犊牛口服补液盐两个课题的研究，有近 40 年奶牛病临床经验。本书内容丰富，有理论、有实践，深入浅出，是养牛科技工作者和畜牧兽医院校师生必备参考用书。因作者水平有限，书中不妥之处在所难免，敬望师友、同道不吝赐教。

编者

2015 年 2 月

目　录

第一章　犊牛环境及器官形态和功能适应

第一节　犊牛环境

一、胎生环境

犊牛胎生环境是指母牛的子宫、胎膜及使胎儿漂浮的羊水。来源于环境的物质是通过胎盘进入胎儿体内的，所以母牛所处环境（温度、湿度、饲养管理）对胎儿发育影响很大，母体个体条件（健康度、着床地点、胎盘大小、年龄、产别等）对胎儿发育亦产生一定影响。

（一）胎生环境与畸形

在异常胎生环境下，往往产生先天性畸形。致畸因素有遗传因素、胎生环境因素，亦有遗传和环境组合因素。

胎生环境的致畸物质是由母血通过胎盘进入胎儿血流的。胎盘有屏障作用，如蛋白质、肝素等大分子物质不能通过，这对胎儿有保护作用。但进入母体的物质不是都不能通过胎盘的，病毒可以通过胎盘感染胎儿，使胎儿畸形或生长发育障碍；细菌不能通过胎盘，但细菌（包括真菌）产生的毒素可以通过胎盘，致使胎儿畸形或发育异常；一些微小的寄生虫，可把胎盘绒毛膜破坏进而通过胎盘，使胎儿死亡或致畸。胎盘营养膜由于某些原因受到损伤，母体的红细胞、白细胞也可通过胎盘进入胎儿血液中。

畸形和胎儿生长发育障碍，多数是用药不注意或化学物质混入饲料中造成的。引起畸形和阻碍胎儿生长发育的物质称为致畸剂。致畸剂作用于妊娠母畜的时期不同，其对胎儿损伤亦不同。

（1）损伤发生在受精卵和胚层未分化阶段，主要造成受精卵死亡和胚胎溶解吸收。牛在受胎后的 10～12 天，由于胚胎的吸收可造成母牛假妊娠。

（2）损伤发生在胎儿生长阶段，主要症状是死胎、木乃伊胎、畸形和流产。牛受胎后的 15～45 天，病毒、细菌、营养性障碍、毒物中毒都能引起胎儿畸形或死亡，如牛病毒性腹泻-黏膜病引起的小脑发育不全，维生素 A 缺乏引起的失明等。

（3）损伤发生在最后阶段，主要症状是产弱仔和死胎。牛在产前 15 天或分娩前一周发生感染，多见产弱仔。

在妊娠后期与器官分化期，胎儿对致畸物质的反应是不同的。妊娠后期，胎儿白细胞增多，有炎症反应；器官分化期，胎儿器官分化受阻，呈现异常发育。这种异常发育是致畸物质引起的还是遗传缺陷引起的，目前从组织学上还难以区分。

致畸程度与感染程度、感染时间及被感染或被毒物作用器官的发育速度密切相关。感染或毒物作用越大、作用时间越长，受害就越重；发育越迅速的器官，受害就越严重，胎儿异常的概率越大。

致畸具有一定的特征性和方向性，沿某一方向，脏器一个接一个地受害，但有时也仅局限于一定脏器受害。病毒感染也好，毒物中毒也好，对胎儿损伤作用在其后期的组织器官损害中都呈现类似的解剖学形态，这说明有害因子可能存在一个共同的最后作用途径，通过此途径来影响快速分化的胚胎组织。

缺氧是胎儿先天异常的主要原因，中间代谢产物缺乏、侵入循环系统的对细胞有害的物质（病毒、化学物质等）与缺氧引起相同的组织缺损，都在同一水平上影响组织代谢，所以最后作

用的途径可能是迅速生长分化细胞的高强度代谢。

另外，中间代谢产物缺乏，缺氧或其他应激因素都可使胎儿肾上腺皮质功能异常亢进，所以肾上腺皮质功能增强很可能也是最后途径。

致畸物质最终影响的是 DNA 和 RNA。如放线菌素就是阻止 DNA 复制和 RNA 合成的代表，金霉素、土霉素也是阻止 RNA 合成的抗生素。

（二）胎儿营养环境

胎儿在子宫内发育，胎儿所需营养由子宫提供的母体血量决定。如果子宫收缩、供血减少，则胎儿发育迟缓。肾上腺素能引起子宫收缩，外来刺激常引起母体肾上腺素过度分泌，使母畜子宫收缩，导致妊娠早期胚胎着床失败或胚胎死亡。而肾上腺素又易通过胎盘引起胎儿血管收缩。因此，在管理上最好不要让妊娠母牛兴奋，减少母牛的应激。

母牛蛋白质缺乏，在妊娠初期能引起黄体酮和雌激素分泌减少，使胚胎着床失败。然而初期胚胎发育所需蛋白量很少，所以此期的着床失败主要还是由于胎盘未能充分发育而引起的。此时给母牛投予适量黄体酮，可改善胎盘发育，有利于着床。

胎儿期，母体缺乏蛋白质，会使仔畜的生长激素、甲状腺素等蛋白质激素合成减少，甲状腺组织发育迟缓，生长发育受影响。母体在蛋白质缺乏的状况下，因饥饿引起的慢性应激状态会导致肾上腺肥大。

母体血液中肾上腺皮质激素浓度高，母体过剩的皮质激素抑制了胎儿的下丘脑-垂体发育；皮质激素分泌受抑制时，致胎儿血中皮质激素减少，肾上腺形体变小。

（三）胎儿的激素环境

1. 胎儿激素与肺的分化　胎儿期，胎儿肺泡中充满羊水，出生时肺泡中的羊水必须适时完全排出，使肺泡上皮与空气接触，实现正常的肺呼吸。因而妊娠末期胎儿肺泡上皮中就出现了含有磷脂的特殊细胞，此细胞能分泌降低水滴表面张力的界面活性物质——卵磷脂。在分娩时，此物质被大量急剧地释放入胎儿肺泡中，使肺泡中羊水的表面张力降低。新生犊牛一经娩出，羊水也从肺中完全排出，新生犊牛即可正常呼吸。新生犊牛肺泡上皮细胞个体大，就是含有大量卵磷脂的证据。成年家畜为维持肺泡正常功能，也常分泌卵磷脂。

2. 胎儿肾上腺皮质激素功能与分娩的关系 分娩启动与胎儿皮质激素高度相关，直接把可的松投予胎儿能启动分娩，但投予母体无效，其原因可能是可的松在母体内与蛋白结合，不能通过胎盘，到达胎体的量不足以启动分娩。而地塞米松投予母牛能启动分娩，特别是与雌激素合用效果更好。因此，孕牛不可随意使用地塞米松。

犊牛肾上腺分泌的皮质激素能促进胎盘合成雌激素，雌激素可使子宫合成并分泌前列腺素 F2a，前列腺素 F2a 进入子宫静脉，再通过与卵巢动脉的蔓状丛时逆流交换进入卵巢，使卵巢上黄体萎缩，黄体分泌黄体酮减少，从而启动分娩。

胎儿血液中肾上腺皮质激素从分娩前 4 天渐渐上升，分娩时达到最高值。胎儿血中皮质激素浓度上升机制目前尚不太清楚，可能与分娩应激、妊娠末期胎盘气体交换功能变差，氧气不能进行梯度渗透及肾上腺素和组织胺通过胎盘刺激垂体-肾上腺皮质系统相关。在畜牧业生产中，空气严重污染等，给妊娠母畜长期的有害刺激，有时可引起流产。

3. 性分化与激素关系 胎儿的性别由性染色体 X 和 Y 的组合决定。XX 组合是雌性，XY 组合是雄性。若性染色体组合出现异常，如 XXY 组合，则出现性发育不全或呈现两性个体。

两性个体多数是遗传因素，但也有胎生环境因素，生产上最常见的是一公一母的双胎犊牛，母犊牛肯定出现雌化不全，外生

殖器是雌性，但卵巢、子宫发育被抑制，阴道较短。

性分化期在胚胎两中肾管外侧各出现一条缪勒管，正常生理状况下，雌性中肾管（W 管）退化，缪勒管（M 管）发育成输卵管、子宫、阴道；雄性中肾管（W 管）发育成副附睾和输精管，缪勒管（M 管）退化。

雌性个体不需激素的作用，缪勒管即可发育为输卵管、子宫、阴道；但雄性个体，中肾管的发育和外生殖器的雄性化上，需激素睾酮的作用，胎生期精巢就能分泌睾酮，睾酮是精巢间质细胞分泌的固醇类激素。缪勒管退化不是睾酮作用，是缪勒管抑制因子作用的结果，其抑制因子仅于胎儿前半期出现，是支持细胞合成分泌的，为大分子蛋白质。

一公一母双胎犊牛，两胎膜上血管呈现吻合状，这样，公母性别不同胎膜血管吻合的两胎儿血流相通，雄性胎儿精巢分泌的睾酮，随血流进入雌性胎儿体内，抑制缪勒管发育，因而出现雌化不全犊牛。

胎儿早期，精巢分泌的睾酮与出生后分泌的睾酮功能性质不同，循环性差，为组织浸润性，内生殖器离精巢近，易受影响，呈现雌化不完全。外生殖器离精巢远，未受影响，仍为雌性。

天然黄体酮既能保胎又无副作用，而人工合成黄体酮虽有保胎作用，但其化学结构与睾酮相似，可使雌性生殖器官雄性化。因此，保胎时人工合成黄体酮不可连续使用。

二、微生态环境

（一）正常菌群

在一般生活环境中，健康家畜体表、消化道、呼吸道、产道等都有多种微生物寄生，它们靠动物的皮肤或黏膜分泌物、脱落上皮、消化道内食物残渣为养料生存。

人、家畜和其他动物，其生存的环境都有大量的种类繁多的

微生物存在，从一出生就受细菌污染，并终生与其发生关系。自然界细菌种类尽管繁多，其分布也因时间和场所不同而异，但动物特定部位定植的细菌种类和数量相当稳定。人随年龄变化的肠内菌群模式如图 1 所示。家畜和人一样，肠道内菌群基本稳定，至衰老时有害菌群呈上升趋势。

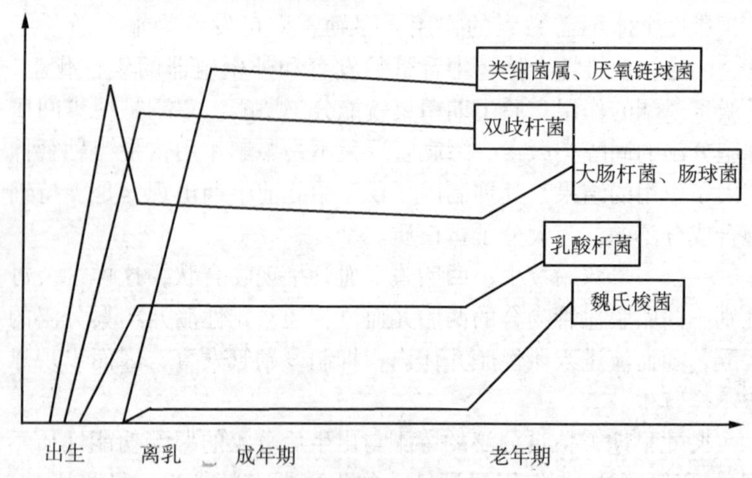

图 1　人随年龄变化的肠内菌群模式

每一部位寄生的限定菌群与宿主的正常防卫密切相关，如皮肤表面寄生的主要是葡萄球菌，它对皮肤的防卫机构，如源于皮脂腺的游离脂肪酸、汗腺分泌的盐类、细胞的溶菌酶等有非常强的抵抗力；正常情况下，阴道分泌液是酸性，所以阴道内的菌群几乎都是乳酸菌等耐酸菌。像这样与宿主的某种正常结构相关，与宿主共生的菌群团称为常在菌群，也叫原籍菌群。

仔畜胎生时是无菌的，分娩通过产道时，皮肤最先被阴道细菌污染，接着在数小时内，口腔、鼻腔出现细菌，通过吞咽、呼吸，细菌又被搬运到消化道和呼吸道。

犊牛虽有 4 个胃，但在初期前 3 个胃无生理功能，摄入的乳

汁经食管沟直接进入第四胃（刍胃），所以，消化道细菌侵入、菌群交替与单胃家畜相同。分娩后 24 小时内细菌在肠道出现，最初出现的细菌是大肠杆菌、拟杆菌、肠球菌等，它们占据优势为优势菌，不久，乳酸杆菌、双歧杆菌出现，特别在十二指肠和回肠成为优势菌。随日龄增长，胃酸分泌增多，胃液 pH 值下降，胃和小肠上部细菌迅速减少直至数量很少，小肠下部直至大肠也急剧变成以乳酸菌、双歧杆菌、粪链球菌等偏厌氧菌为优势的菌群。最开始在十二指肠、回肠占有优势的大肠杆菌在小肠渐渐消失，退居大肠，成为大肠常在菌。随日龄增长、肠道环境的变更及菌群交替，肠道菌群慢慢趋于平衡。

丛闻清等报道（2001），对初生犊牛肠道常见的双歧杆菌、大肠杆菌、真杆菌、类杆菌、乳杆菌、消化球菌、梭菌、肠球菌等 8 种细菌进行监测，出生后 6 小时可测到大肠杆菌、类杆菌和梭菌，12 小时后 8 种细菌均可检测到，且大肠杆菌和类杆菌为优势菌。随着厌氧菌的大量增殖，需氧和兼性厌氧菌逐渐减少，一周后形成以乳酸菌、双歧杆菌为优势菌群的微生态区系。8 种细菌数量随饲喂干草量的增加，呈下降趋势，断奶后 1 个月，细菌完成定植，此时直肠优势菌群为双歧杆菌和大肠杆菌。

肠道常在菌群分两大类，即有益菌群和有害菌群。有益菌群为乳杆菌、双歧杆菌等，有害菌群为大肠杆菌、梭状芽孢杆菌等，它们共同构成肠道常在菌群。

除常在菌外，肠内还有暂住菌，如葡萄球菌、酵母菌、真菌等。一些非肠道菌，如蜡状芽孢杆菌、枯草杆菌、地衣芽孢杆菌、光合菌等，它们能突破胃酸屏障，在肠道定植、繁衍，发挥有益作用，人们把这类细菌称为非消化道有益菌。

（二）正常菌群、畜体之间关系

1. 菌群间相互作用

（1）促进作用：好气菌增殖可消耗大量氧气，这有利于厌氧菌发育；某些细菌的代谢产物，另一些细菌可以利用，如大肠杆菌代谢过程中产生的维生素为乳酸菌所必需。

（2）颉颃作用：幼畜小肠乳酸菌为优势菌，此菌代谢产物会使肠道 pH 值降低，能抑制另一些菌的生长；肠杆菌科细菌（大肠杆菌、沙门杆菌、志贺菌）可产生 16 种致死蛋白质，能使一些敏感菌溶解死亡。此外，细菌之间还有转换、导入、结合等遗传学上的变异，如大肠杆菌的耐药性很易传给其他菌株。

2. 常在菌群的作用

（1）有益菌群（表 1 中的第一类菌群）的作用：

1）幼畜在发育成熟过程中，微生物的感染刺激是不可缺少的，生物若与微生物隔绝，生物就不能生存，只有在肠内正常菌群作用下，肠道才能发育正常；否则，胃肠壁明显变轻且特别薄，血流减少，发育不良。微生物还是肠道外周免疫器官和畜体中枢免疫器官发育不可或缺的刺激因素。

2）定植抗力（排他作用）。常在菌可与肠黏膜细胞上的大量受体（位点）结合，在肠壁上形成一层菌膜，外被糖类成物质包裹，非常稳定。菌膜的形成使一些病原菌不能与肠黏膜上相应位点结合定植，使之成为过路菌，随肠液冲刷和肠蠕动排出体外。

3）有益菌群如乳杆菌、双歧杆菌等，是维持家畜肠道健康，特别是幼畜的健康所必需的。乳酸菌在厌氧环境中可发酵葡萄糖、蔗糖、麦芽糖等糖类，产生大量酸，一方面可抑制蛋白质腐败分解；另一方面发酵产物和菌体成分既能抑制肠内有害细菌增殖和产生毒素，又能增强有益菌群的繁衍，改善肠内菌群构成，使其对机体健康更有益。同时，菌体成分还可增强肝脏解毒功能。

4）营养作用。有益菌生长过程中，可合成 B 族维生素，如维生素 B_1、维生素 B_2、烟酸等，且菌体蛋白又是良好蛋白质营养素。

表 1　肠内细菌对宿主的作用

肠内正常菌群的主要种类	菌群特征	合成维生素	辅助消化	抵抗病原菌	颉颃有害菌	肠内腐败	产气	产毒	病原性	对畜主意义
类细菌	为肠最	+	+	+	+		+			（有益）
乳杆菌	优势菌种，									维持健康
双歧菌	宿主防卫	+	+	+	+	+				
细球菌	机构不能									
	排除，与			+	+					
	宿主共生，									
	有强的种			+	+		+			
	特异性									
乳酸杆菌	肠内维	+	+	+	+					（有害性）便
肠细菌	持中等菌									秘、下痢、异
链球菌	数，宿主	+		+	+	+	+			常发酵、抗病
奈瑟氏菌	健康恶化									力下降、肝脏
	时增加			+	+		+			障碍、发育障
										碍、心肌障碍
梭状芽孢杆菌	肠内菌					+	+	+	+	（病原性）交
类细菌（毒素株）	数少量，								+	替下痢、肝昏
假单胞菌	有时能突						+	+	+	迷、尿路感
变形杆菌	破宿主防					+		+	+	染、恶性贫
葡萄球菌	卫机能，							+	+	血、肝脓肿、
肠细菌（毒素株）	呈现致病							+	+	子宫炎、阴道
	性									炎、肺脓肿等

5）促进消化吸收。代谢过程中可产生一些酶，如蛋白酶、β 木聚糖酶可补充内源酶不足；有益菌还能使肠壁皱褶增多、肠绒毛增长，加大吸收面积，促进肠壁吸收，特别是能提高维生素 D、铁、钙等的吸收率。

6）增强免疫。可激活肠内巨噬细胞，增强局部免疫应答，促进抗体 IgA 的产生。

7）有害菌群如大肠杆菌、梭状芽孢杆菌等，通过腐败、发酵，产生有毒物质，刺激肠道引起肠黏膜损伤。但有害菌也是相对的，如大肠杆菌为有害菌，而它在代谢过程中能生成维生素 B_1、维生素 B_2 和烟酸，它又成有益菌了，如果把大肠杆菌从肠内清除，则能引起维生素 B_1 缺乏症。

（2）有害菌群的病原意义：

1）条件病原菌在犊牛刚出生时就出现，短时间内与次生菌菌群交替，但仍保留有一定菌群，如大肠杆菌初生期为十二指肠的优势菌，随日龄增加很快被乳酸菌所取代，在小肠消失，但在大肠仍保持一定量的菌丛，在犊牛健康状况恶化、抗病力降低时，有毒株大肠杆菌可选择迅速繁殖，甚至可达小肠上部，产生毒素，引起犊牛拉稀。

2）少量常在病原菌，如假单胞菌，会使肠内容物腐败分解，产气、产胺、产毒，如表 2 所示，蛋白质腐败产生硫化氢、吲哚、胺等一方面刺激肠道引起肠黏膜损伤；另一方面这些小分子物质能使肠液渗透压升高，体内水分反渗透至肠腔，引起腹泻，使家畜致病。健康状况下这类细菌不多，与肠内大量乳杆菌维持着平衡，其繁殖被抑制，因而不能使动物发病。

3）感染病毒性疾病时易引起条件病原菌的继发感染，如犊牛腹泻，最先感染的往往是轮状病毒或冠状病毒，病毒的感染引起肠道菌群失调，大肠杆菌上侵小肠，有毒株选择性地增殖，与病毒协同使病情恶化，引起犊牛严重拉稀。犊牛混合感染性肺炎，被称为环境性疾病，环境变差使犊牛抗病力降低，引发病毒（鼻支气管病毒、呼吸道病毒）感染，呈现感冒样症状，以此为导火线，引起支原体（牛鼻支原体、相异支原体）感染而加重。

4）一些肠道腐败菌使蛋白质分解产氨，大大降低了饲料营养。

表 2　肠内菌群有害物的生成与致病作用

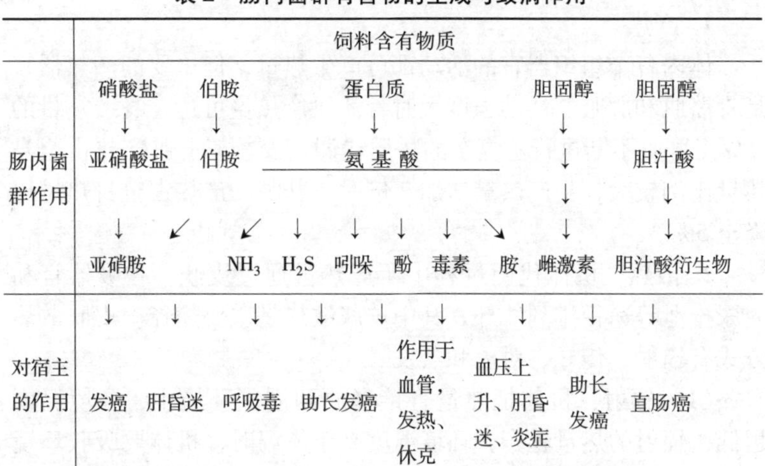

	饲料含有物质				
肠内菌群作用	硝酸盐 ↓ 亚硝酸盐	伯胺 ↓ 伯胺	蛋白质 ↓ 氨基酸	胆固醇 ↓ ↓ ↓	胆固醇 ↓ 胆汁酸 ↓
	亚硝胺		NH_3　H_2S　吲哚　酚　毒素　胺	雌激素	胆汁酸衍生物
对宿主的作用	发癌　肝昏迷		呼吸毒　助长发癌　作用于血管，发热、休克　血压上升、肝昏迷、炎症	助长发癌	直肠癌

犊牛瘤胃 3 周龄前，主要是乳酸杆菌和一定种类的蛋白水解菌。以后，随着犊牛开始采食精饲料和优质干草，瘤胃逐渐建立起以纤维分解菌和非结构糖类分解菌为主的菌群。9～13 周龄时，犊牛瘤胃菌群基本与成年牛相似。纤毛虫在瘤胃定植，始于 2～3 月龄。

三、温热环境

温热环境由温度、湿度、风速及散射四要素决定，它们可引起家畜体温调节的生理反应，家畜等恒温动物的体温调节的机制是产热和散热平衡。

（一）犊牛正常体温

体温是指身体深部温度，直肠温度最为接近，又便于测定，故多用直肠温度表示。幼龄阶段体温要比成年高，犊牛正常体温是 39.5～40℃，成牛正常体温为 38～39.5℃。

（二）机体产热和散热过程

1. 产热

体内各个组织器官的活动都可产生热量，但主要的产热器官是骨骼肌和肝脏，活动强度大时骨骼肌产热量可达全身产热量的75%。肝脏不断进行着复杂的物质代谢，安静时肝脏产热占全身热量比例较大，牛产热量增加2倍时，肝脏的产热占全身热量比降至5%。

2. 散热　机体代谢过程中所产热量通过皮肤、呼吸器官和粪尿排泄等途径排到体外，其中皮肤散热是主要途径。皮肤散热方式有辐射、传导、对流和蒸发。

（1）辐射：机体把热量直接释放到周围环境中，环境温度越低，辐射的热量越多，环境温度高于体温时，机体要吸收环境辐射来的热量，使体温升高。

（2）对流：机体热量使周围冷空气变热，待热空气上升时，较冷的空气再来补充。它是借空气流动的散热方式，空气越冷，流动越快，散热越多。

（3）传导：它是通过机体与物体直接接触把热量传导出去的散热方式。散热的多少决定于物体导热的良否。

（4）蒸发：水分由皮肤表面蒸发，有两种方式，一种是通过体表组织直接由皮肤表面蒸发（不显汗蒸发），另一种是通过汗腺分泌汗液带走大量热量（显汗蒸发）。动物还可借呼吸或喘气呼出大量热气，蒸发散热。牛汗腺不发达，主要借助呼气蒸发散热。

（三）体温恒定的调节

1. 等热范围　产热和散热的发展总是不平衡的，在适宜温度环境下，其代谢强度保持在最低水平，产热、散热能相适应，这种温度范围称为等热范围，也称代谢稳定区。在等热范围内，代谢所产热量经血液循环到达体表，通过物理调节（对流、传导、辐射、蒸发）就能维持体温；低于等热范围时，除减少皮肤

散热外，还需加强细胞代谢、化学调节来防止体温下降；高于等热范围时，主要通过增加皮肤血管流量、热性喘息等加速体热散发，以阻止体温升高。牛的等热范围为10~15℃。

2. 体温调节　图2是机体体温调节示意图。体温调节中枢位于丘脑下部，其温热感受器有体表感受器和体内感受器。在等热范围以下的低温环境中，首先是交感神经兴奋，体表毛细血管收缩，散热减少，骨骼肌紧张性增高，待肌肉紧张到一定程度时，就出现骨骼肌群不协调收缩，产生寒战，这一过程能使产热大大增加。这就是神经调节过程。此后，由于肾上腺和甲状腺分别释放肾上腺素和甲状腺素，使细胞代谢加速以增加产热，此为体液调节。相反，全身皮肤血管舒张，皮肤血流量加大，皮温升高，散热增加。

在体温调节具体方式上，畜体还有一些特征性构造和生理功能上的一些特征方式。例如，皮肤深部的动脉与静脉往往是平行并紧靠一起的，这样回心的冷的静脉血就与外流的热的动脉血邻近，通过热交换，可使静脉血升温、动脉血降温，这就大大减少了在寒冷环境中的散热。这种逆流热交换称为深部热转移。家畜的耳、系部等末梢部位，是散热的重要部位，环境温度为5~15℃时血管收缩，15~25℃时是通过血管收缩与舒张来调节，25℃以上血管呈扩张状态。然而，在-5~0℃时，耳、系部皮温呈周期性上升变化，此称为寒冷血管扩张反应。这可防止该处发生冻伤。体温调节示意如图2所示。

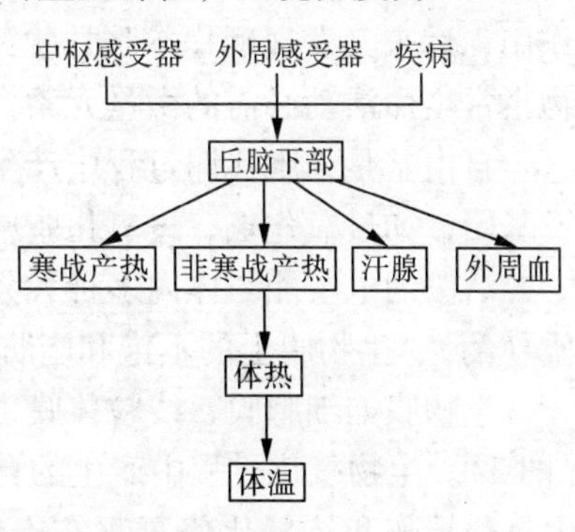

图2　体温调节过程示意

牛、羊和狗等颈动脉上有血管网，在此处和通过喘息冷却的静脉血进行热交换，以防脑部温度上升，抑制由脑温升高引起的异常生理反应。猪缺乏这种血管网，不能防止运动或暑热时的脑温上升。因而，牛、羊在环境温度达43℃时，只要相对湿度不太大，可耐受几小时；而猪在环境达41℃时，不管湿度大小，都不能维持，会很快发生虚脱。

（四）低温环境的适应

犊牛对低温环境的适应过程如下：首先交感神经兴奋，短时间内出现血管收缩，被毛逆立和震颤；之后甲状腺分泌增多，细胞代谢增强，产热增多，最后通过皮下脂肪蓄积和被毛变密、变长，使绝热性能增加，产热减至原来水平，适应了低温环境。

初生犊牛牛舍温度应维持在20~24℃。

四、营养环境

营养环境是指胎儿从母体获取的营养物质和出生后从乳汁中获取的营养物质。犊牛最易缺乏的营养物质主要是硒和维生素E。

硒元素是瑞典化学家最先发现的，早期人们只知道它是毒物，20世纪50年代发现含硒的氨基酸和维生素E对肝脏有保护作用，后来又发现硒是谷胱甘肽过氧化酶的组成部分，是人和动物正常生命活动必需的微量元素。

自由基是细胞代谢过程中产生的含有不成对活泼电子的原子或基团，如过氧化氢、过氧化脂质。

活泼的电子能与体内多种大分子活性物质发生反应，如蛋白质（酶）、生物膜上的不饱和脂肪酸，导致大分子变性失活。

生物膜如细胞膜、线粒体膜、溶酶体膜等都是脂类双层结构（图3）。生物氧化过程中产生的自由基，机体能及时清除，机体内氧化损伤和抗氧化修复都在不停地进行，如一个细胞的DNA每天要经历1万~10万次氧化修复，所以，少量自由基对机体无

害。但当机体受到有害刺激时，体内高活性氧自由基产生过多，超过了抗氧化物的清除能力时，会导致氧化与抗氧化系统失衡，引起机体生物膜损伤，此称为氧化应激。氧化应激对机体危害很大，能降低机体免疫力和生产性能。

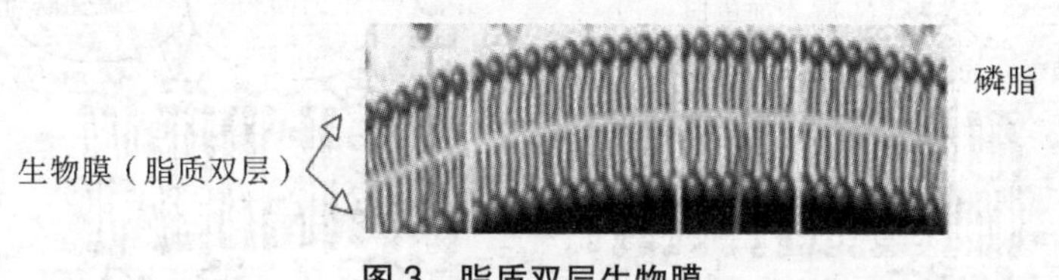

图 3 脂质双层生物膜

硒本身就有抗氧化作用，亚硒酸钠和硒代胱氨酸单用也具有这种活性，只是活性很弱，在红细胞中其活性只有谷胱甘肽过氧化酶（GSH-PX）的 0.5%。

谷胱甘肽过氧化酶，是以硒代半胱氨酸形式渗入蛋白质多肽链中而形成的含硒蛋白，是性质活泼的抗氧化酶，能催化还原型谷胱甘肽（GSH）与过氧化物的氧化还原反应，清除体内组织细胞代谢产生的过氧化物，如过氧化氢、羟自由基等，可阻止体内过氧化物堆积，防止自由基与细胞膜发生链式氧化还原反应，保护细胞膜脂质免受自由基损伤。机体内适量补充硒，可增强 GSH-PX 酶活性。图 4 所示是细胞膜脂质过氧化模式，细胞膜被氧化成过氧化脂质。

维生素 E 在动物肠道内以主动方式吸收，它被包入脂质微囊中，通过淋巴途径运送至肝脏，最后利用特定的转运蛋白被运入血液循环系统。维生素 E 结构如图 5 所示，在其五碳环上有一饱和侧链具有亲脂性，能与细胞膜上脂质松散络合；在其苯环上有一活泼羟基，具有还原性，当自由基进入脂相时，能捕捉自由基，发生链式氧化还原反应，消除自由基。脂质氢过氧自由基与维生素 E 的反应速度比与未饱和脂肪酸的反应速度快 1 000 倍，所以能维持组织结构的完整性。生物体内，维生素 E 的抗氧化与硒的抗氧化能相互补充。

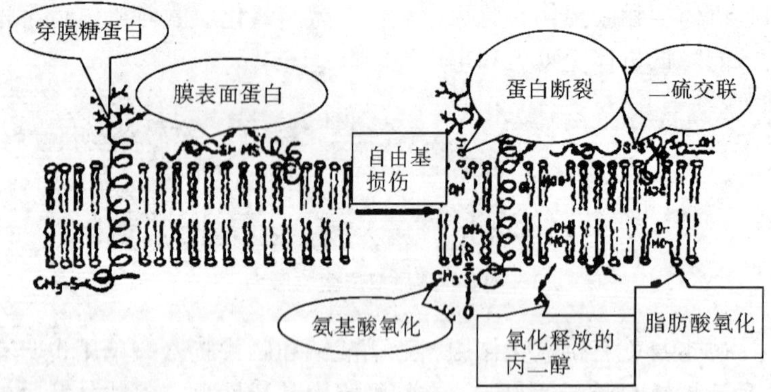

图 4　细胞膜脂质过氧化模式

CH_3

HO

CH_3

CH_3

H_2C

O

$CH_3-CH_3-CH_3-CH-CH_3OH$

CH_3

维生素E（α–生育酚）

图 5　维生素 E 结构式

动物体不停地活动，肌细胞不断地产生自由基，若硒或维生素 E 不足或缺乏，自由基就不能及时清除，堆积至一定程度，氧化损伤超出了修复和清除范围，肌细胞会出现病理性损伤，使细胞膜的流动性和通透性发生变化，最终导致细胞结构和功能的改变，肌细胞自杀、凋亡，引发白肌病。

在红细胞内，氧合血红蛋白不断转变为高铁血红蛋白，此过程伴有超氧阴离子产生，所以，红细胞膜处于细胞内外过氧化物

包围中。谷胱甘肽过氧化物酶（GSH-PX）能使过氧化物还原而解毒。这一解毒过程也消耗了还原型谷胱甘肽（GSH），被氧化为氧化型谷胱甘肽（GSSG）或与血红蛋白的半胱氨酸结合形成二硫化合物（GSS-Hb）。正常红细胞，GSSG 及 GSS-Hb 立即在还原型辅酶Ⅱ（NADPH）参与下，使氧化型谷胱甘肽转变为还原成谷胱甘肽（GSH），以补充消耗的 GSH。谷胱甘肽过氧化物酶（GSH-PX）缺乏时，这一循环反应则无法正常进行。红细胞膜将受到过氧化物损害，造成不可逆的损伤，导致红细胞破坏而发生溶血。还原型辅酶Ⅱ是葡萄糖氧化后提供的，如图 6 所示。

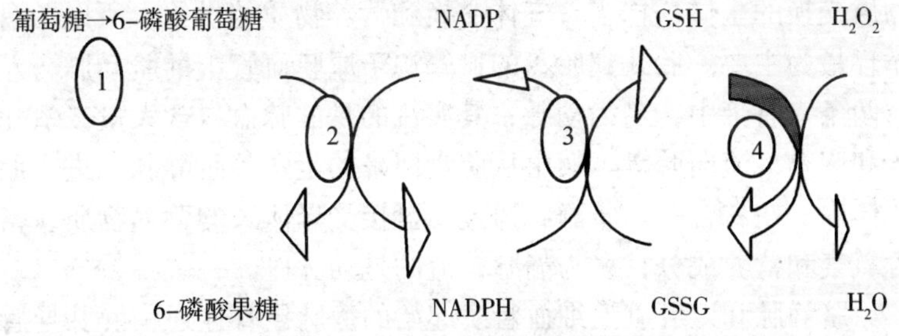

图 6　谷胱甘肽的氧化与还原

1. 磷酸己糖激酶　2. 葡萄糖-6 磷酸脱氢酶　3. 谷胱甘肽被还原
4. 谷胱甘肽被氧化

母体中的硒和维生素 E 通过胎盘困难，胎儿期不能从母体得到充分补充，所以刚出生的犊牛血液中含量都很低，吃初乳后才上升，每日维生素 E 需求量为 30~40 毫克。

一般土壤中硒含量在 0.5×10^{-6} 以下、饲料中硒含量在 0.1×10^{-6} 以下时，会引起家畜硒缺乏，犊牛会发生白肌病。

犊牛白肌病最急性型多无任何前兆，因心肌变性而突然死亡。急性型最多，症状为开始拉稀，2~3 天后步行、起立出现困难，后肢上抬，但前肢不能起立，无热，流鼻液，肌肉震颤，呼吸急速，哺乳困难，有的患病牛尿色黑。慢性型多发于高龄犊牛，常见跛行、步行不畅等症状，也有突然不能站立的情况。

第二节 器官形态和功能适应

适应是指机体与周围环境保持动态平衡。当环境变化时，机体为了生存，体内器官形态和功能要相应发生改变。胎儿时期生存环境十分稳定，离开母体后，生存环境产生巨大变化，仔畜为了生存，其器官功能形态必然发生相应的变化。

1. 心血管系变化 胎儿期的血液循环如图 7 所示，胎盘是物质交换的主体，担当着气体交换和营养物质的供给，所以胎盘循环最为主要。胎儿到胎盘的血管源于尿膜血管中的脐动脉，左右两条入脐带中，名为动脉，其实流的是静脉血，含大量二氧化碳和废物，流向胎盘。犊牛从胎盘回来的是两条脐静脉，进入胎儿体内、左右合一。脐静脉通过胎盘接受母体来的营养物质，富含氧气和营养成分，名为静脉，流的是动脉血。

脐静脉和以肝脏毛细血管窦起始的静脉导管连通，静脉导管与从肠来的门脉连通，脐静脉在移行为贯通肝脏的静脉导管之前，在肝脏内还分出几个侧支，脐静脉血可适当灌注肝脏。这样由胎盘摄取的葡萄糖可由肝脏转化为糖原储存，其他营养物质也可储存于肝脏，所以，此灌注是很有必要的。门脉虽然也在肝脏出现侧支，但在胎儿期营养储存上无意义。静脉导管出口处的括约肌，可防止过多的血量一次性流入心脏。静脉导管和肝静脉汇合后流入后（下）腔静脉。

后腔静脉入右心房，在右心房与前腔静脉来的血汇合。心房中隔上有卵圆孔，注入右心房的血液一部分流入左心房，残余的通过房室瓣流入右心室，再搏出流入肺动脉，动脉导管把肺动脉和大动脉弓连通，多量血液通过动脉导管流入大动脉。胎生期的肺在发育中无呼吸功能，无须大量血液。从肺中返回的血液由数

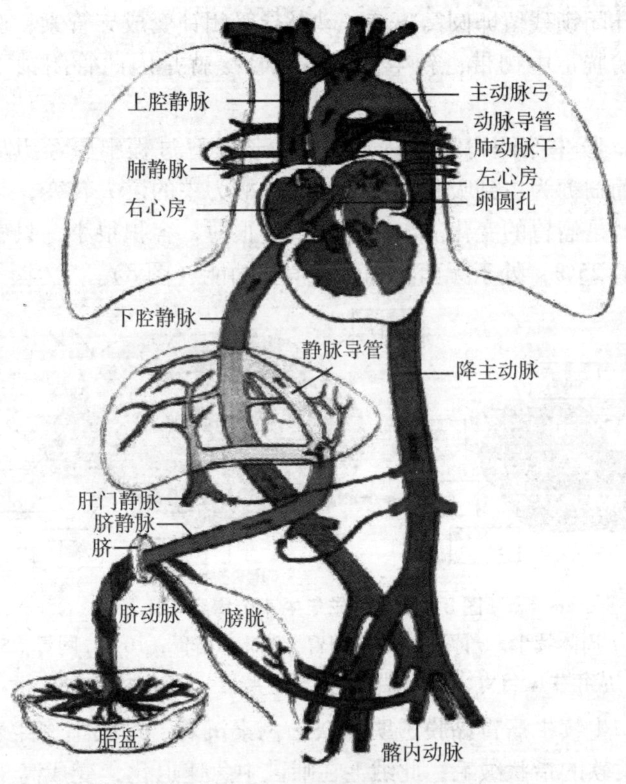

图7　胎儿血液循环模式

条肺静脉流入左心房与卵圆孔来的血液汇合注入左心室，再搏出到大动脉。

总之，胎儿血液循环有以下特点：因存在胎盘循环，所以有脐静脉和脐动脉；在肝脏有静脉导管；心房有卵圆孔；肺动脉和大动脉有短路的动脉导管。

出生后胎盘循环消失，脐动脉从起始部到膀胱头残留下来，慢慢闭锁形成膀胱圆韧带；脐静脉变成肝圆韧带；静脉导管闭锁成导管索，只留有痕迹；肝脏储藏的养分运出径路由门脉取代；

卵圆孔闭锁残留卵圆窝痕迹；动脉导管闭锁变成导管索；脐尿管变成膀胱正中韧带，新生仔畜脐尿管瘘就是因此管闭锁不全引起的。

2. 犊牛第四胃的发达 犊牛生长发育过程中要经历从吸收利用葡萄糖为主到吸收利用短链脂肪酸为主的巨大转变，与此相关的就是瘤胃的变化。出生时瘤胃壁很薄，容积很小，只有全胃容积的25%，处于无菌状态，无消化功能（图8）。

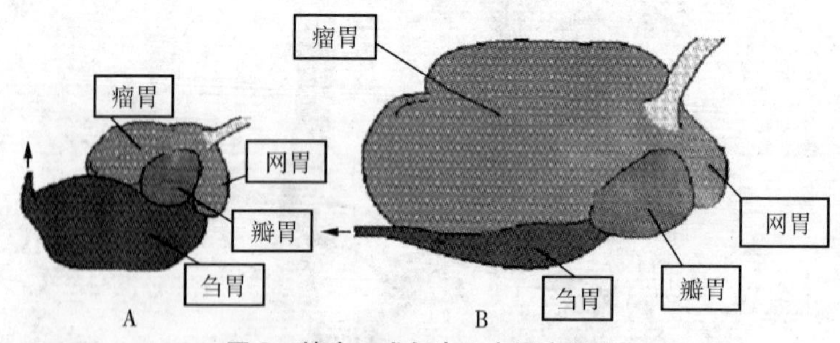

图8 犊牛、成年牛4个胃容积比

A. 1周龄犊牛 皱胃，60%；瘤胃，25%；瓣胃，10%；网胃，5%

B. 成年牛 皱胃，7%；瘤胃，80%；瓣胃，8%；网胃，5%

初生犊牛瘤胃黏膜透明，缺乏色素沉着，黏膜上密生着2.6毫米柔软的指状绒毛，此绒毛在哺乳中急速退化，变成高1毫米的丘状。上皮细胞分化尚未完成，角质层形成不全。从3周龄开始，随着犊牛粗饲料的摄入，瘤胃和网胃才迅速发育，如图8所示，1周龄犊牛瘤胃容积占牛胃总容积的25%，而成年牛占80%。瘤胃的不同组织，其发育刺激物是不同的、相互独立的。上皮层及绒毛（乳头）发育的刺激物是糖类发酵产生的挥发性低级脂肪酸（VFA），上皮层与瘤胃内容物直接接触，是瘤胃组织的吸收层，外层角质化细胞不影响吸收，瘤胃乳头为其提供吸收表面。瘤胃肌肉层和容积发育刺激物是惰性物质，如锯末等，是靠物理的摩擦刺激促使肌肉发育，肌层为上皮提供支持，使瘤

胃内容物移动。上皮绒毛色素的形成与几种因素相关，如与瘤胃中微生物代谢相关，饲料中添加抗生素，色泽发生改变；再如饲料中铁增加使色泽变深，饲料中添加 4% $KHCO_3$ 和 0.5% $NaHCO_3$，会使上皮色泽变深，均说明与饲料中矿物质含量相关。

瘤胃上皮绒毛数量是一定的，不随其容积增大而增加，因此单位面积绒毛数量随瘤胃增大而减少。瘤胃黏膜对外来刺激非常敏感，一发生饥饿就会退化。

尽早饲喂犊牛优质干草，可促进瘤胃发育，使犊牛瘤胃发育度良好，可提前离乳，是十分经济的。因此，犊牛 3~4 周龄断乳是完全可行的。长时间哺乳，缺乏刺激瘤胃发育物质的摄入，是非常有害的。

1 日龄犊牛瘤胃内发现细菌，主要是需氧菌，此后，代谢机制发生巨大变化，瘤胃变成产生能量和蛋白质（微生物蛋白）的主要部位，瘤胃菌群变成严格厌氧菌群，随着干物质饲料的摄入种类不同，菌群的数量和类型在发生变化，这种变化与进入瘤胃底物高度相关。

3. 犊牛肝脏代谢的适应　犊牛瘤胃不发达，进行与单胃动物同样的营养摄取和代谢。随日龄增加，瘤胃逐渐发达，营养摄取和物质代谢呈特异形式，肝脏内酶的活性也产生了适应性改变，腺苷三磷酸（ATP）-柠檬酸裂合酶把柠檬酸变成草酰乙酸和乙酰 CoA，以葡萄糖为能源的单胃动物此酶存在于肝脏，而牛、羊出生后 3 周此酶在肝脏几乎消失。因此时瘤胃有了功能，乙酸可由瘤胃发酵供给，乙酰 CoA 可通过乙酰 CoA 合成酶合成，ATP-柠檬酸裂合酶就不需要了，此酶的消失不是遗传因素，而是适应的结果。

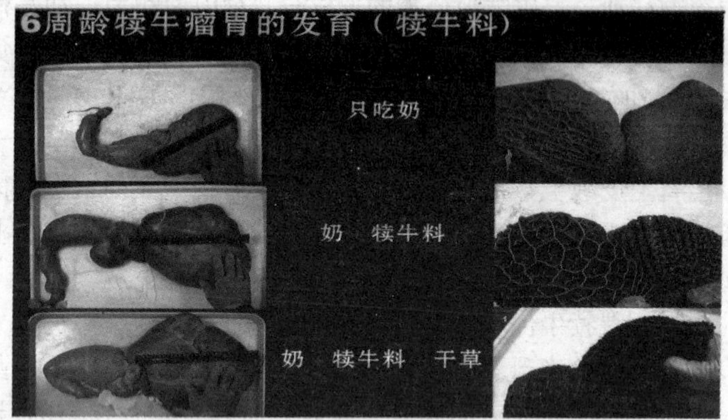

图9 瘤胃的发育

第二章　幼畜的免疫

免疫是畜体识别并消除有害生物及其成分的应答过程，对机体具有三种作用：①免疫防御：识别和清除入侵机体的病原微生物，中和其毒素，即对传染病的防御能力。②免疫稳定：不断清除体内衰老、残损和死亡的细胞，以维护机体生理平衡和稳定。③免疫监视：识别、消除体内的突变细胞（如癌变细胞）。免疫系统由体内担负免疫功能的组织构成，是机体免疫应答的物质基础。免疫系统由免疫组织和器官、免疫细胞及免疫活性分子组成。

第一节　免疫组织器官与免疫细胞

一、中枢免疫器官

中枢免疫器官由骨髓、胸腺、法氏囊类同器官组成，是免疫细胞发生分化和成熟的场所。淋巴系细胞起源于卵黄囊造血干细胞，胎儿期肝脏是干细胞供应源，出生后骨髓是干细胞供应源。骨髓的淋巴干细胞，通过血液循环进入中枢淋巴组织胸腺、法氏囊类同器官，在胸腺因子影响下，分裂分化成熟为 T 淋巴细胞；在法氏囊类同器官因子影响下分裂分化成熟为 B 淋巴细胞。

成熟的 T 淋巴细胞、B 淋巴细胞，再通过血流分布于脾脏、淋巴结、肠管淋巴组织等，为免疫应答细胞。由于 T 淋巴细胞比

B 淋巴细胞出现早，所以细胞免疫机构是先行发达的。

二、外周免疫器官

外周免疫器官由脾脏、淋巴结及其他淋巴组织组成，是成熟 T 淋巴细胞和 B 淋巴细胞定居、增殖的场所。主要功能是产生免疫应答、过滤清除病原微生物等有害物质。另外，脾脏还有清除自身衰老细胞的作用。

三、黏膜相关淋巴组织（MALT）

微生物进入机体的主要部位是含有黏膜上皮细胞的上皮表面，大约 50%的淋巴组织位于黏膜表面。这些被统称为黏膜相关淋巴组织（图 10）。它包括鼻相关的淋巴组织、肠道相关的淋巴组织、支气管相关的淋巴组织和泌尿生殖系统相关的淋巴组织，主要担负黏膜免疫功能。

四、免疫细胞

所有参与免疫应答和与免疫应答有关的细胞，统称为免疫细胞。免疫细胞有淋巴细胞（包括 T 淋巴细胞和 B 淋巴细胞等）和单核吞噬细胞（包括巨噬细胞和树突状细胞等）。

（一）淋巴细胞

1. T 淋巴细胞　T 淋巴细胞前体从骨髓进入胸腺皮质，然后向髓质移动，最后到达髓质而成为成熟的 T 淋巴细胞。主要有 T 辅助细胞（Th）（主要功能是协助其他细胞如 B 细胞发挥免疫功能）、细胞毒性 T 细胞（Tc）（介导杀伤受感染的细胞，主要是指病毒感染细胞）。

2. B 淋巴细胞　B 淋巴细胞是由哺乳动物骨髓或鸟类法氏囊中淋巴样前体细胞分化成熟而来。在抗原激活和有 Th 辅助时，B 淋巴细胞增殖并成熟为浆细胞或记忆细胞。B 淋巴细胞有 B_1 淋

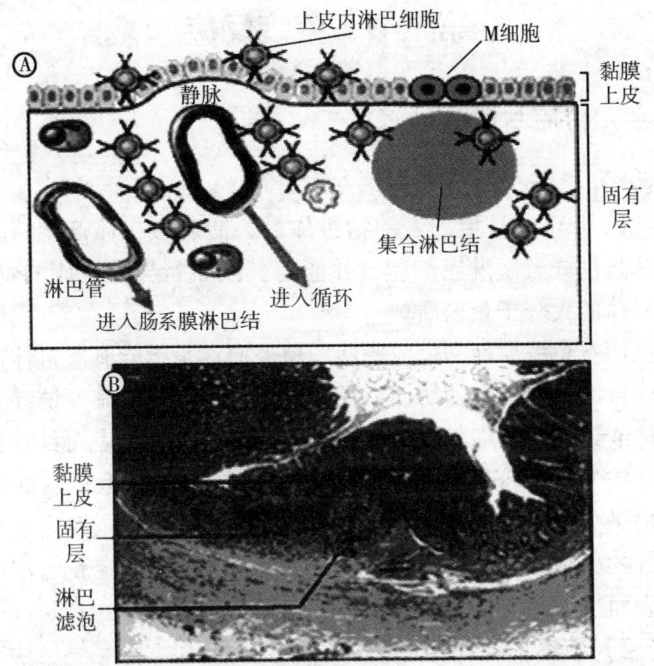

图 10　黏膜和黏膜相关淋巴组织

巴细胞和 B_2 淋巴细胞两种，其中 B_2 淋巴细胞是常规 B 淋巴细胞，担负体液免疫功能（产生抗体）。

（二）单核吞噬细胞

单核吞噬细胞包括血液中的单核细胞、组织中的巨噬细胞和树突状细胞，源于骨髓多能干细胞。其有吞噬作用，能吞噬各种微生物、肿瘤细胞、体内衰亡细胞；能对抗原进行处理，递呈抗原信息，激活 T 淋巴细胞、B 淋巴细胞，诱导免疫应答；能分泌多种生物活性物质，如白细胞介素-1（IL-1）、干扰素等。

第二节　免疫反应

一、抗原与抗体

（一）抗原

抗原（Ag）是指进入动物机体后，能刺激机体产生特异性免疫球蛋白或致敏淋巴细胞，并能与其发生特异性反应的物质，多系异体的大分子蛋白质。

抗原有免疫原性和反应原性。免疫原性是指能刺激机体产生抗体或致敏淋巴细胞的特性；反应原性是指能与由其所诱导产生的抗体或致敏淋巴细胞发生反应的特性。抗原分子表面具有特殊的立体构型和免疫活性的化学基团，是被免疫细胞识别的靶结构，也是免疫反应具有特异性的物质基础。抗原分子表面能与抗体结合的决定簇总数称为抗原结合价。由于抗原决定簇通常位于细胞表面，因此又称为抗原表位。

（二）抗体

当动物机体受到抗原物质刺激后，B 淋巴细胞被激活转化为浆细胞，浆细胞产生的、能与相应抗原发生特异性结合反应的免疫球蛋白称为抗体（Ab）。

1. 抗体种类　免疫球蛋白（Ig）的基本单位是 4 条肽链的对称结构，它有两条重链（H）和 2 条轻链（L）（图 11）。以其 H 链和 L 链结构和抗原性质不同分为 IgG、IgM、IgA。

IgG 有 IgG1 和 IgG2 两亚类，具有抗菌和抗病毒作用。IgM 为五聚体，有 IgM1 和 IgM2，是分子量最大的 Ig，称巨球蛋白，IgM 是抗原刺激后出现最早的抗体，故检测 IgM 水平可用于传染病的早期诊断。IgA 有 IgA1 和 IgA2，分为血清型和分泌型两种，血清型 IgA 主要由肠系膜淋巴组织中的浆细胞产生；而分泌型

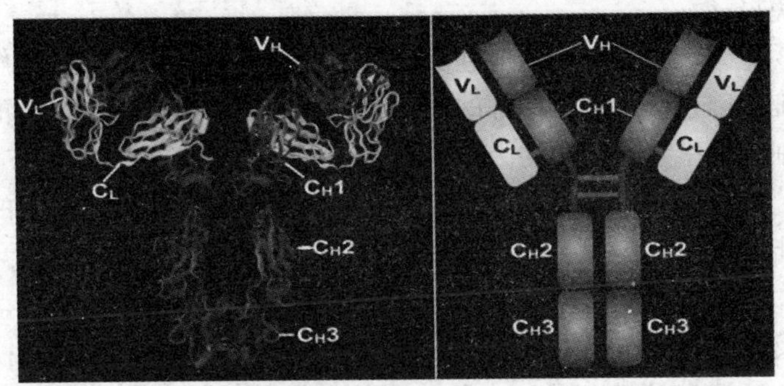

图 11　抗体基本结构功能区（含 H 的为重链，含 L 的为轻链）

IgA（SIgA）是由呼吸道、消化道、泌尿生殖道等处的固有层中浆细胞产生，主要存在于乳汁、唾液、泪液，以及呼吸道、消化道和泌尿生殖道黏膜表面的分泌液中。分泌型 IgA 的合成及主要作用部位在黏膜。

2. 抗体的功能　抗体有中和作用，能中和病毒和毒素；有免疫调理作用，能激活补体；有免疫溶解作用和局部黏膜免疫作用。

（三）抗原抗体反应

抗原抗体反应包括凝集反应、沉淀反应、补体结合反应和中和反应，它们通过抗原抗体反应，最终把抗原（病毒、细菌）除掉。

（四）免疫与免疫应答

免疫应答是机体免疫系统对抗原刺激所产生的以排除抗原为目的的生理反应过程。免疫有先天免疫（非特异性免疫）和适应性免疫（特异性免疫）。

先天免疫系统是防御感染的第一道防线。其起作用快速，引起急性炎症反应，与生俱来，有一定特异性，无记忆性。

适应性免疫系统是第二道防线，是动物机体后天获得的。其启动缓慢，但有高度的特异性和免疫记忆。它包括体液免疫和细胞免疫。

先天免疫系统和适应性免疫系统之间通过直接的细胞接触以及细胞因子、化学介质等的相互作用，共同发挥作用。二者的参与细胞有很多是相同的。

1. 先天免疫 先天免疫是指生来就具有的对某种疾病的抵抗能力。包括：

（1）解剖学屏障。如皮肤、黏膜及淋巴结的屏障作用，血管及血脑屏障作用，肠蠕动，支气管纤毛的摆动。

（2）分泌性分子。皮肤分泌的有机酸、肠道中的低分子脂肪酸；消化道中的胆酸、血清中的转铁蛋白和乳铁蛋白、溶菌酶、干扰素等。

（3）细胞成分。如吞噬细胞、嗜中性粒细胞、巨噬细胞、单核细胞等。

先天免疫的特点是无抗原特异性，无记忆性，再次接触抗原时应答不加强，免疫效果差。

2. 适应性免疫 适应性免疫（特异性免疫、获得性免疫）是指动物出生后获得的对某种病原微生物及其有毒产物的不敏感性，是机体的防御机构在特殊刺激物的作用下发生反应而形成的。适应性免疫是抵御传染的重要因素。其特点是不能遗传，作用专一，特异性强。根据免疫机制，可分为体液免疫和细胞免疫。

（1）体液免疫：体液免疫是指由B淋巴细胞介导的免疫反应，抗体发挥免疫效应，因此也叫抗体应答。细菌等微生物初次进入机体，被树突状细胞或巨噬细胞捕获、处理，降解为小分子；小分子把抗原信息直接或通过T淋巴细胞介导，传递给B淋巴细胞；B淋巴细胞被活化，分裂增殖分化为浆细胞；浆细胞合成分泌抗体，最终把抗原清除。

1）抗体的产生规律：抗原进入机体后，可激发体液免疫应答，其标志是大量抗体的产生以及最终对抗原的清除。抗体的产

生在抗原初次和再次进入机体时各有其特点，而在抗体的产生过程中，各类免疫球蛋白的出现先后也不同。

2）初次应答与再次应答：当第一次用适量抗原给动物免疫时，需经一定潜伏期才能在血液中出现抗体。其特点是含量低且维持时间短，下降很快，此称为初次免疫应答。若在抗体下降期再次给以相同抗原免疫时，则发现抗体出现的潜伏期较初次应答明显缩短，抗体含量也随之上升，而且维持时间较长，此称为再次免疫应答或记忆应答，如图 12 所示。

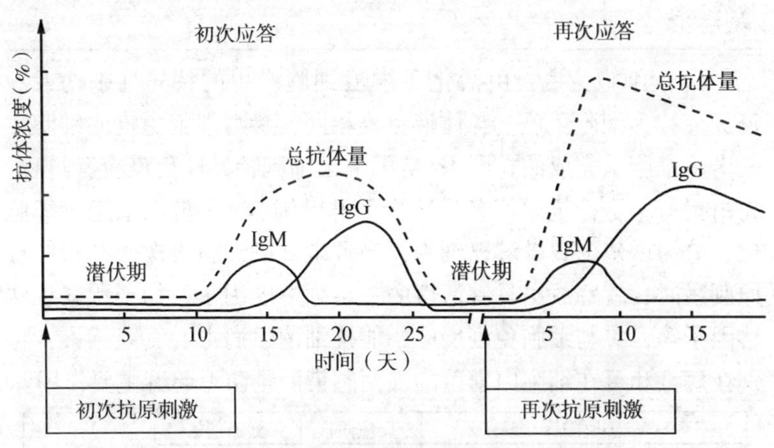

图 12　初次和再次免疫应答抗体产生的一般规律

随着对抗体分子结构研究的深入，发现初次应答产生的抗体主要是 IgM 分子，对抗原结合力低，为低亲和性抗体。再次应答产生的主要是 IgG 分子，为高亲和性抗体。在免疫应答中，各类抗体产生的顺序，首先是 IgM，然后是 IgG、IgA。这个顺序与个体发育中 Ig 产生的顺序一致。

表 3　初次和再次免疫应答的不同

特性	初次应答	再次应答
抗原呈递	非 B 细胞	B 细胞
抗原浓度	高	低
抗体产生潜伏期	5~10 天	2~5 天
高峰浓度	较低	较高
持续时间	短	长
Ig 类别	IgM	IgG
亲和力	低	高
无关抗体	多	少

（2）细胞免疫：由活化 T 淋巴细胞产生的特异性杀伤或免疫炎症称为细胞免疫。与体液免疫相同，参与细胞免疫的细胞也是由多细胞系完成的，图 13 是 T 淋巴细胞特异性免疫应答过程。先由提呈细胞把抗原信息提呈给 T 淋巴细胞，T 淋巴细胞母细胞化，分裂增殖为致敏淋巴细胞，当致敏淋巴细胞再次受到相应抗原刺激时，就释放出具有活性的一系列淋巴因子，如干扰素、转移因子等，参与细胞免疫反应，能抗细菌、病毒、真菌感染，特别在病毒和可在细胞内繁殖的细菌感染的预防上起着主要作用。

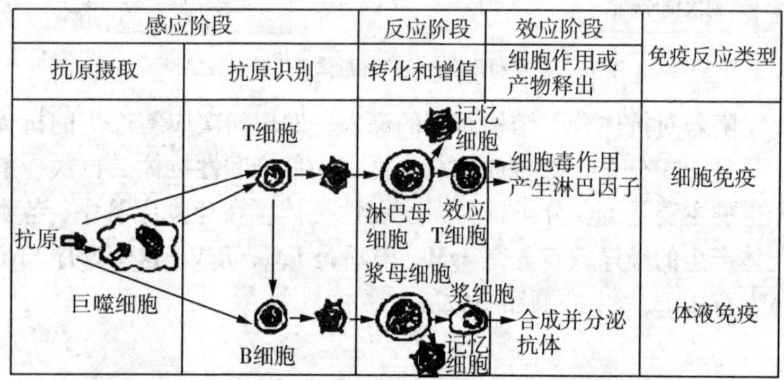

图 13　特异性免疫应答的过程

如牛结核菌素皮内接种，首先树突或巨噬细胞把其捕获、处理，把抗原信息传递给与此相对应的T淋巴细胞，T淋巴细胞发生幼若转换，分化成致敏淋巴细胞，并随血流转移到体内各淋巴结。再次遇到相同抗原刺激，致敏淋巴细胞就会释放淋巴因子，使巨噬细胞活化，结果抗原存在的局部产生了活化的T细胞和巨噬细胞的聚集，这些细胞释放出淋巴因子，引起局部发红的细胞免疫应答（迟发性过敏反应）。

促使B淋巴细胞活化产生抗体，或使T淋巴细胞被致敏分泌淋巴因子，由抗原结构决定。一般细菌、病毒都含有多种抗原结构（决定基），所以一旦发生感染，尽管程度有差别，免疫机构都会发挥作用。

（3）黏膜免疫：微生物进入机体的主要部位是含有黏膜上皮细胞的上皮表面，大约50%的淋巴组织位于黏膜表面，对侵袭性微生物产生免疫反应，阻止其内侵，使机体免受病毒或细菌感染，此称为黏膜免疫。

1）黏膜免疫器官：由消化系统、呼吸系统和泌尿生殖系统黏膜淋巴组织组成。①消化系统淋巴组织：包括集合淋巴小结、肠系膜淋巴结和弥散淋巴细胞等肠相关淋巴组织。②呼吸系统淋巴组织：包括气管、支气管相关淋巴细胞。③泌尿生殖系统淋巴组织：相关淋巴组织。

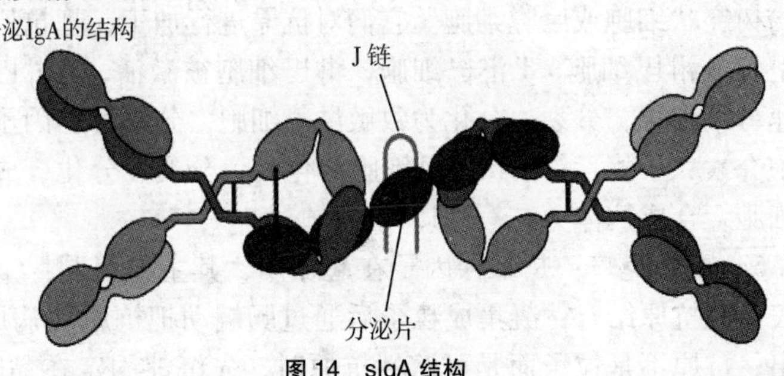

图14　sIgA 结构

2）黏膜免疫细胞：①免疫提呈细胞：M 细胞，又名微褶细胞，分布在肠黏膜表面，腔面有微褶，下面呈凹面。②树突状细胞和巨噬细胞：M 细胞下面凹腔内最多，相互形成一细胞网。

3）黏膜免疫分子（sIgA）：结构如图 14 所示，由两单体 IgA、J 锁、分泌片组成。两单体 Ig、J 锁由浆细胞合成，分泌片由黏膜上皮细胞合成。离开浆细胞的 sIgA，再装配上分泌片后，经上皮细胞分泌至肠腔。

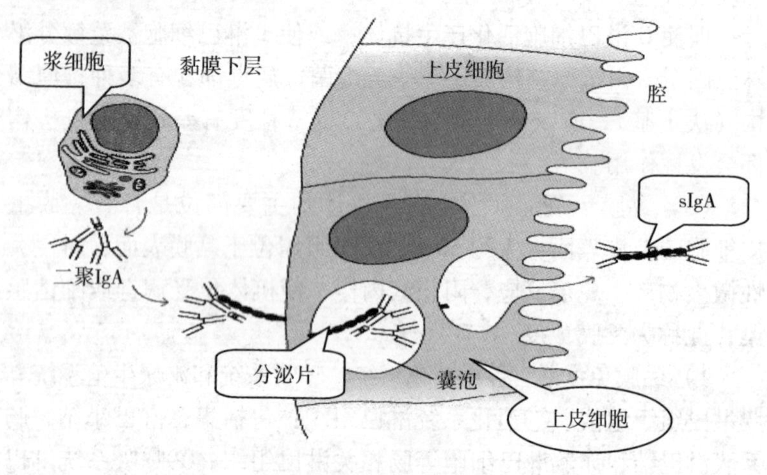

图 15　sIgA 的合成

4）黏膜免疫应答：M 细胞捕获抗原后，不经任何处理，提供给树突状细胞或巨噬细胞。它们对抗原进行加工，把抗原信息提呈给 B 淋巴细胞、T 淋巴细胞，淋巴细胞被激活，T 淋巴细胞迅速母细胞化，分裂、分化为致敏淋巴细胞，分泌淋巴因子如白细胞介素、干扰素等。B 淋巴细胞活化后，分裂、分化、成熟为浆细胞，合成抗体 IgA（图 15）。

5）黏膜免疫：是多种因子在起作用，其主要机制：①在黏膜表面与抗原结合，凝集成粒子后通过肠蠕动把抗原（病原体）排出；抗原不是粒子而是可溶性抗原时，先沉淀固定在黏膜上，

在酶的协助下把抗原破坏。②sIgA 黏附于黏膜上，把黏膜上位点（特异受体）掩盖，使抗原不能与相应受体结合。③在抗体存在情况下，含支配抗原遗传质粒的细菌，能变异为不含质粒菌株，此抗体称为去质粒抗体。黏膜免疫不明点很多，去质粒的抗体是什么抗体，尚不清楚。

第三节　犊牛免疫

一、被动免疫（母子免疫）

对感染病的抵抗性，以抗体形式从母代传给子代的现象叫母子免疫。在生物界，对种群的繁衍保护优先于对个体的保护，为了保有子孙后代，母子免疫有重要的生物学意义。

（一）初乳

牛分娩后 3 天的乳为初乳。初乳中含大量免疫球蛋白（Ig）是有蹄类动物的一大特征。初乳中的 Ig 几乎都源于母体血清，主要是 IgG，乳房淋巴细胞分泌的 IgA 量很少。

牛分娩前 6~4 周血清免疫球蛋白呈现下降，开始往初乳中移行、浓缩（图 16），抗体在通过乳腺上皮细胞时，细胞对 Ig 的通过呈现选择性，牛血清中 IgG 占 50%，初乳中高达 80%，说明能使 IgG 选择通过。

刚分娩后初乳中免疫球蛋白，IgG 最高，占 80%~90%；IgA 和 IgM 占 5%~10%。此比值随时间变化而迅速改变，即 IgG 分娩后下降迅速，1 天降至 1/4~1/2，到常乳时降至 1/100，而 IgA 浓度减少不显著。在猪常乳与初乳中 IgG 和 IgA 比发生倒转，但牛不同，牛因乳腺分泌 IgA 能力差，常乳仍以 IgG 为主。

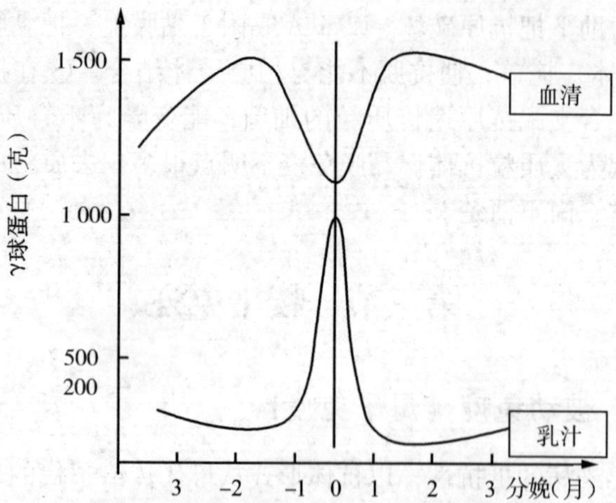

图 16　牛分娩前后血清和乳汁中 Ig 的变动

表 4　猪、牛、人血清及乳汁中免疫球蛋白浓度（%）

动物	免疫球蛋白	血清	初乳	常乳
猪	IgG	21.5（89）	58.7（80）	3.0（29）
	IgA	1.8（7）	10.7（14）	7.7（70）
	IgM	1.1（4）	3.2（6）	0.3（1）
牛	IgG1	11.0（50）	47.6（81）	0.6（73）
	IgG2	7.9（36）	2.9（5）	0.0
	IgA	0.5（2）	3.9（7）	0.1（1.8）
	IgM	2.6（12）	4.2（7）	0.1（7）
人	IgG	12.1（87）	0.4（2）	0.0
	IgA	2.5（16）	17.4（90）	1.0（8）
	IgM	0.9（6）	1.6（8）	0.1（10）

（二）母子免疫径路

动物母子免疫径路：①胎盘径路：妊娠期间，抗体通过胎盘传递，如灵长类。②卵黄囊径路：妊娠母体血清中抗体分泌到子宫腔中，被卵黄囊内胚层细胞吸收，进入胎儿体内，如兔。③乳肠径路：妊娠期抗体不能通过胎盘，出生摄取初乳后，初乳中抗

体可原样通过肠道进入胎儿体内，如有蹄类家畜。现仅把乳肠经路介绍如下：成年动物，蛋白质必须在小肠降解为氨基酸或小肽后才被吸收；少量被肠道上皮细胞原样摄取后，与细胞内溶酶体结合，被细胞内消化吸收；作为大分子蛋白质的 Ig，肠道无法吸收。

初生有蹄犊牛小肠非常特殊，初乳中的免疫球蛋白（Ig）等大分子物质经胞饮被摄入肠上皮细胞内，由细胞腔移行到毛细血管或淋巴管，进入血液循环，不被溶酶体消化（图 17）。

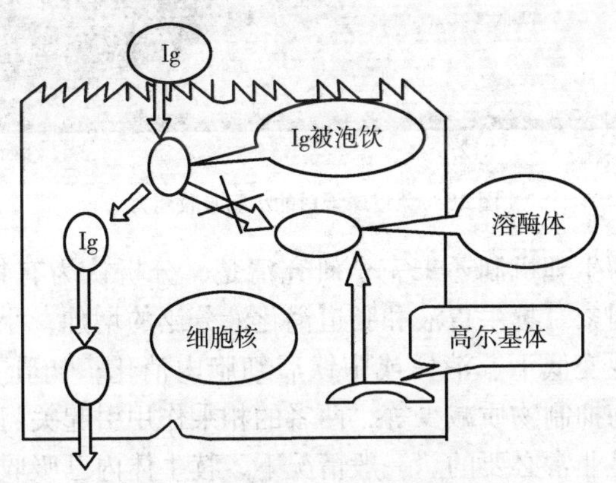

图 17　新生犊牛空肠的抗体吸收

免疫球蛋白随初乳被新生仔畜吸入肠道后不被消化的原因：①初乳中含有胰蛋白酶活性抑制物质，此物质对酸和胃蛋白酶抵抗力强大，一进入小肠，使肠道对蛋白质原样吸收能力增强，像人抗体不经肠吸收的动物，初乳中此物质就很少。②新生仔畜胃酸分泌细胞不分泌盐酸，胃内 pH 值接近中性，胃蛋白酶活性被抑制。如绵羊生后 2 小时胃内 pH 值为 7.0 ，36 小时为 3.0～4.0，5 天后为 2.0。

Ig 的肠管原样吸收随时间推移迅速减弱，刚出生时吸收十分活泼，生后 36 小时，也有报道称 48 小时，乳汁中 Ig 的血中移行就基本终止，此称“关门”，如图 18 所示。关门从十二指肠开始，由上往下慢慢关闭。

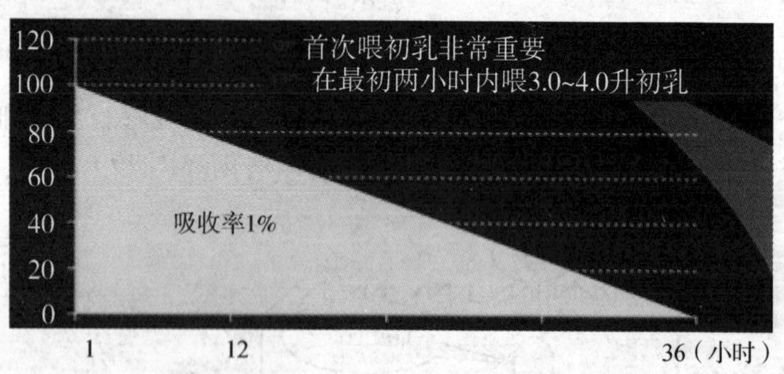

图 18　免疫球蛋白的小肠吸收能力

关门的生理机制还未完全研究清楚，分析认为有犊牛因素，也有初乳因素。犊牛胃液和肠道消化液分泌的增加，小肠上皮细胞胞饮活性变低下、消失或胞饮后细胞内消化；初乳 Ig 量减少和胰蛋白酶抑制物质减少等，两者的相乘作用引起关门。

关门是非常必要的。一般情况下，犊牛体内已吸收了充足量 Ig，关门已不影响犊牛健康；而肠道的原样通过是无选择性的，病毒、细菌都可通过，不及时关门很危险。

乳肠型初生犊牛未吃初乳前，血中抗体基本为 0，对病原微生物无丝毫抵抗力，只有吃足初乳后，才能获得对病原体的坚强抵抗力。所以，早吃初乳、吃足初乳十分必要。

犊牛母源抗体是乳肠型，初生犊牛呈无 γ 球蛋白状态。在分娩前后初乳中免疫球蛋白达峰值，相当于常乳的 50~150 倍，母体血清的 2~3 倍，占初乳蛋白的 50%~60%。牛乳腺分泌细胞中含大量 IgG 分泌颗粒，表明牛乳腺上皮在 IgG 的选择性分泌上起主要作用。选择分泌的机制可能是乳腺上皮细胞具有 IgG 受体。

雌激素、类雌激素能增强上皮细胞的通透性。人乳腺上皮细胞对 IgA 能选择通过，人、牛血清中免疫球蛋白总含量无大的差异，因选择通过不同，乳汁差异很大。牛初乳中 IgG 占免疫球蛋白总量的 80%以上，IgA 仅占 7%；而人初乳中 IgA 占 90%以上，IgG 占 2%。产后初乳中免疫球蛋白减少速率也不同，牛产后 2 天降低到初乳的 1/10，而人产后 4 天降到初乳的 1/10。

初生犊牛 IgG 的肠原样吸收终止时间最多是生后 48 小时，生后 4~6 小时吸收最活泼，吃初乳后 10 小时犊牛血清中 IgG 达到成牛血清水平，以后继续增加，一天后达峰值，以后慢慢减少，21 日龄降至与成牛大致相等的水平。IgG 60 日龄达最低值，半衰期为 20 天；IgA 在 21 日龄达最低值，半衰期是 4 天，IgG 下降缓慢，IgA 下降快速。牛乳中 IgG 含量变化曲线如图 19 所示。

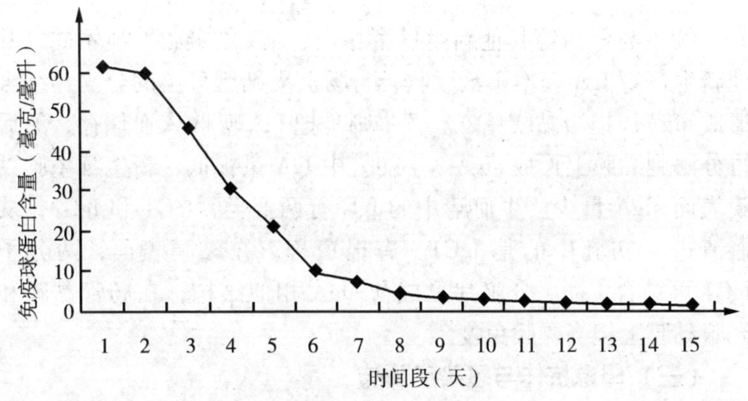

图 19 牛乳中 IgG 含量变化曲线

血清中母源抗体浓度在感染病的防御上极为重要，IgG 浓度在 7.5 克/升以上时可预防全身感染；降至 5 克/升时能引起肠管局部感染；降至 0.8 克/升以下时能引起全身严重感染而死亡。犊牛血清中 IgG 含量变化曲线如图 20 所示。

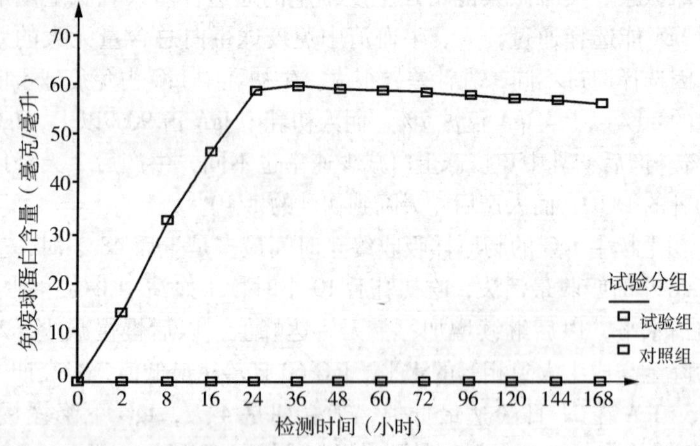

图 20 犊牛血清中 IgG 含量变化曲线

犊牛与仔猪等其他新生仔畜相比，IgA 的吸收明显不同，其他新生仔畜 IgA 基本不被吸收，与肠上皮细胞分泌的分泌片结合形成 sIgA，担当黏膜免疫。犊牛则是把 IgA 吸收入血储存，然后再分泌到黏膜上形成 sIgA。牛初乳中 IgA 量很低，新生犊牛肠黏膜表面 sIgA 量少。牛血清中的 IgG 有两亚类，IgG1 和 IgG2，从血清进入初乳中的是 IgG1。有报道称，在黏膜表面，两分子 IgG1 可结合 J 锁、分泌片形成与 sIgA 相似结构，在肠管黏膜和乳腺黏膜上担当黏膜免疫。

（三）母源抗体与感染症预防

刚分娩后，初乳中的 Ig 90% 源于母体，IgG 通过初乳的吸吮，在肠中被活泼吸收，进入血液，作为血清抗体，担负全身的防御功能。所以，吃足初乳，迅速吸收充足抗体是极其重要的。犊牛在出生后半小时内吃 1~2 升、在 2 小时内吃 3~4 升初乳是很有必要的。

初乳中的 IgA 多为分泌型（sIgA），为乳房浆细胞所分泌。sIgA 难以被肠道吸收，黏膜的亲和力极高，对消化酶的抵抗力很强，滞留肠内，覆盖在肠黏膜表面，速度极为缓慢地往下移动，作为黏膜局部抗体，抵抗黏膜局部感染。牛黏膜淋巴组织分泌 sIgA 能力弱，但能合成分泌 IgG1。所以，牛黏膜靠 sIgA 和 IgG1 共同保护。

（四）母源抗体对犊牛主动免疫应答的影响

母源抗体在保护新生仔畜免受传染病侵袭、维持其健康成长中意义重大，但 IgG 能把进入犊牛体内的抗原除去，阻止抗体产生细胞的分化，抑制仔畜的主动免疫应答。此作用在抗原是特异性抗原时抑制作用最强，抑制的免疫细胞是 B 淋巴细胞。

犊牛在首次免疫时，体内几乎都存在母源抗体，这是仔畜免疫接种时必须认真考虑的问题。出生之后母源抗体效价以一定速率下降，母源抗体防御感染病的能力虽因感染病不同而异，但都是依存于抗体效价的。一般是在母源抗体效价低到失去保护能力前接种疫苗，以使其尽早形成主动免疫。如母源抗体对牛瘟疫苗的影响，效价在 22 以上（3 月龄）接种无效，疫苗抗体与母源抗体同时消失；母源抗体效价在 0.7 以下（8 月龄后）接种效果很好；母源抗体效价在 0.9～2.0 时，接种效果不定，接种时母源抗体效价和由疫苗产生的抗体效价成反比，因母源抗体和阻止疫苗的效果高度相关。

实验性犊牛母源抗体半衰期，大体是：IgG 16～32 天、IgM 4 天、IgA 25 天。一些传染病的母源抗体半衰期因疾病种类、感染方式及免疫球蛋白种类不同而有差异。牛病毒性下痢和牛传染性鼻支气管炎母源抗体的半衰期均为 21 天。母源抗体对疫苗接种效果的影响，因感染症和疫苗种类不同差异很大，所以难做一般化叙述。

（五）乳汁免疫

进入常乳后，乳汁中仍含有一定量的特异性抗体，且多为sIgA，在肠道黏膜上担负局部免疫。黏膜上的病原微生物被提呈细胞捕获、处理，把抗原信息提呈给B淋巴细胞，B淋巴细胞被活化，一部分活化的B淋巴细胞沿着黏膜下淋巴管→胸管→血管边分裂边移动，随血流到达其他淋巴组织，如气管相关淋巴组织、乳腺淋巴组织等定居。当再次受到抗原刺激时，定居的B淋巴细胞迅速活化，分裂分化为浆细胞，合成、分泌IgA，再转化为sIgA分泌到乳汁中（图21）。乳汁被仔畜摄取后，在肠道发挥与初乳中sIgA同样的功能 。牛与其他家畜不同，黏膜免疫细胞分泌sIgA能力差，但合成分泌IgG1能力强，IgG1与sIgA协同起局部免疫作用。

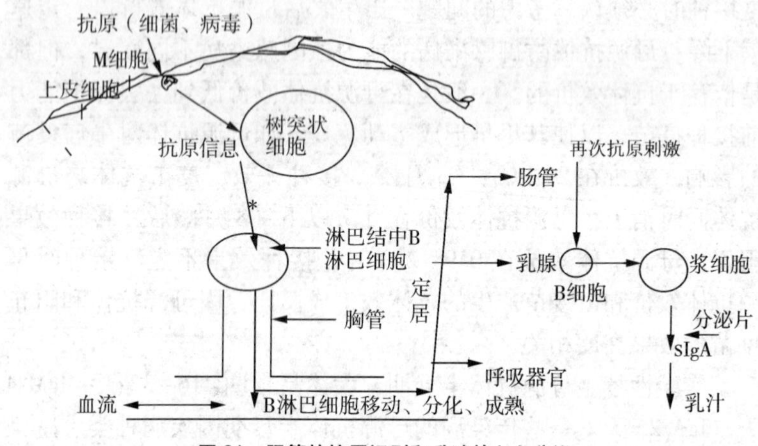

图21　肠管的抗原识别和乳腺的IgA分泌

二、主动免疫

犊牛一出生就有微弱的体液和细胞免疫能力，但很弱。仔畜的免疫细胞多是未被抗原致敏过的多性能未分化抗体产生细胞，

所以对单一抗原比多种抗原同时参与应答反应强，用两种抗原同时接种的抗体产生量只有单独接种一种抗原抗体产生量的50%。其原因是大量的多性能未分化抗体产生细胞被动用于第一抗原，用于第二抗原的量少了。因此，在多种抗原（病毒、细菌）遍布的自然环境中，犊牛的免疫应答是极其有限的。

Rossi（1973）用破伤风毒素、牛结核杆菌死菌体、布氏杆菌死菌体给6~7月龄胎儿免疫，出生后一周龄，犊牛出现很低的抗体效价，且各抗原的抗体效价不同；破伤风毒素产生的量最多，可持续数日。另一方面，用延迟性过敏反应和母细胞转换作为指标研究其细胞免疫，刚出生时很弱或为阴性，一周后几乎都转为阳性，持续数月。反应程度有差异，破伤风毒素最强，牛型结核次之，布鲁杆菌最弱。在胎生期仅投一次抗原，出生后4~10月龄犊牛免疫状态和出生后再给犊牛投予一次相同抗原，两种都是再投一次的犊牛优越。

总之，犊牛刚出生时已经具有很弱的体液和细胞免疫应答，2~3周前都很弱，与成年牛比，具有相同程度的免疫应答是在3周龄以后，1月内达不到有效保护。

犊牛肠管局部免疫，出生后2周内，抗体产生很少，抗体产生细胞肠黏膜部比肠系膜淋巴结部多，且十二指肠、空肠上部比空肠下部和回肠多，产生的抗体为IgM。2~3周龄后犊牛肠管中的免疫细胞以分泌IgG1为主，即使到成年牛，IgG1仍占60%；与其他哺乳动物不同，IgG在局部感染预防上起主要作用，与sIgA一起阻止病原微生物入侵。

三、犊牛感染病的防卫机制与免疫空白期

图22是犊牛的免疫机制总结，通过乳肠经路，IgG进入犊牛血液中，以被动免疫方式保护犊牛，此抗体以一定速率衰减。出生后受到抗原刺激产生主动免疫，体液免疫产生的抗体在2~3

周龄才能检出；另一方面，乳汁中抗体 IgA 和 IgG1 附在肠管表面发挥局部防御功能。肠管淋巴组织合成的免疫球蛋白最早是 IgM，以后被 IgA 和 IgG1 取代，担负局部免疫功能；主动细胞免疫功能启动比体液免疫早，产生于出生后几天，但 5 周龄前起不到有效的保护。

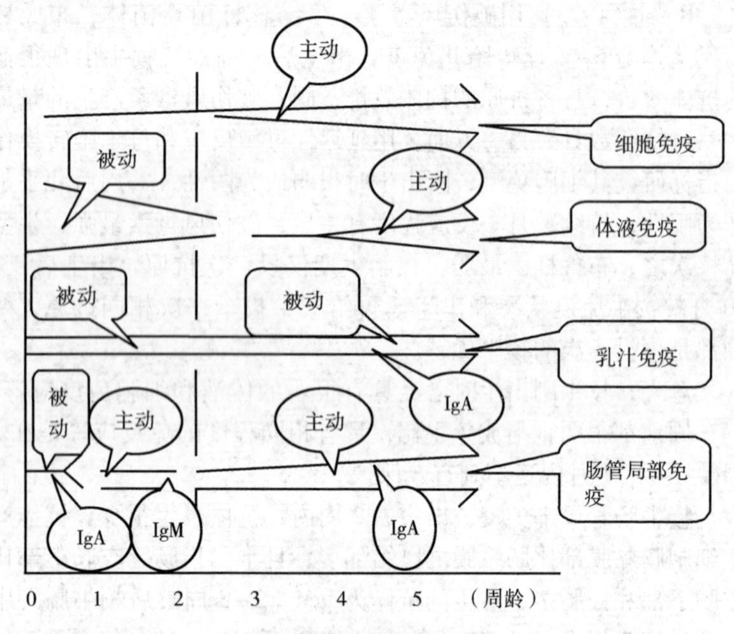

图 22　仔畜感染的预防机制

（犊牛肠管黏膜免疫和乳汁免疫，黏膜淋巴细胞除分泌 IgA 外，还分泌 IgG1）

犊牛 3 周龄后，因母源抗体的衰减而失去被动免疫保护作用，主动的体液免疫功能和细胞免疫功能，在 5~7 周龄起不到有效的保护作用，此期，仔畜抗病力最弱，随时有被感染病侵袭的危险，此称为犊牛的免疫空白期。

从图 23 可得出，3~7 周龄犊牛抗病能力最弱，最易发生病

毒和细菌感染，如病毒性腹泻、犊牛白痢。为使犊牛安全度过此期，可于 3~5 周时于饲料中适当添加保健药物。

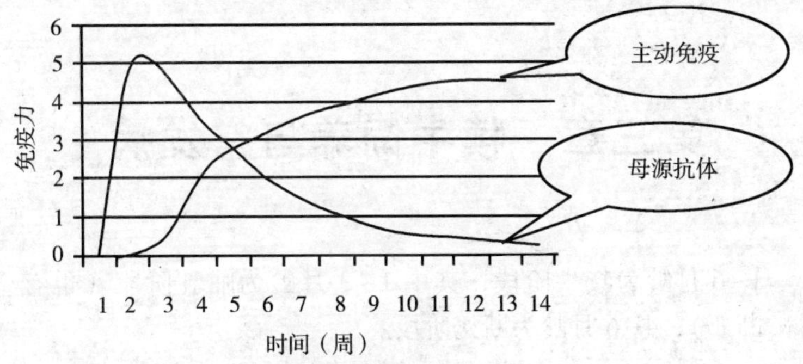

图 23　犊牛免疫空白期

第三章 犊牛饲养与常发病

1~6月龄为犊牛阶段，其中1~3月龄为哺乳阶段（也有2月龄断奶），4~6月龄为断奶阶段。

第一节 犊牛培育

犊牛期饲养管理的好坏，直接关系到成年时牛的体形和生产性能。合理饲喂犊牛是未来奶牛高产的基础。犊牛虽然继承了双亲的遗传基因，但只有在具备表达的条件时才能显示出来。同时只有通过改善培育条件，才能使某些缺点得到不同程度的矫正和改善。

犊牛要经历从母体子宫环境到体外自然环境，由母乳环境到靠采食植物性饲料为主的生存环境，由不反刍到反刍的一系列巨大生理环境转变，每一次转变都是很强的应激，再加上犊牛抗病力又很弱，所以，此时必须对犊牛加强饲养，细心培育，才能使犊牛发育良好。

犊牛的各器官尚未发育完善，且又处于快速发育期，可塑性很大。所以，加强培育对犊牛非常重要。良好的培育条件可为犊牛将来的高生产性能打好基础。若饲养不当，造成生长受阻，则影响其一生的生产性能。

一、接产

培育犊牛要从产前开始，首先产房要干净卫生。接产前，母牛臀部、阴门周围、助产者手臂、产科绳要彻底消毒。接产要严格按产科学讲述的操作程序进行（图 24）。

犊牛出生后立即用碘酊对脐部消毒；用干草或毛巾擦拭犊牛皮肤，刺激血液循环；有黏液咳出时要立即提起后肢，使犊牛头向下，以便于排出气管内黏液。

图 24　产前消毒（右）与正确助产（左）

二、初生期饲养

犊牛出生后 7~10 天称为初生期。此期犊牛多数器官未发育成熟，消化道黏膜易被细菌穿过，体温调节功能不健全，神经系统反应迟缓，易受各种病原因子伤害而发病，必须强化饲养管理。其注意要点如下：

1. 尽快、尽早地吃足初乳　犊牛出生后要尽快地吃到初乳，生后半小时要吃 1~2 升初乳，2 小时内要吃 3~4 升初乳，12 小时内吃 6 升初乳。若无其他刚分娩母牛，可吃冷藏的初乳。冷藏初乳温度要加温至 35~40℃。

初乳不同于常乳，它黏稠，80～85℃时凝固。初乳的生理作用如下：

（1）初生犊牛胃肠空虚，第四胃及肠壁黏膜不很发达，对细菌抵抗力弱，初乳覆在胃肠黏膜上能替代黏膜阻止细菌侵入。

（2）初乳中含大量免疫球蛋白和溶菌酶，能杀灭多种细菌。

（3）初乳中含较多镁盐，有缓下作用，能促使胎粪排出。

（4）初乳酸度较高，使胃液变酸，不利于有害菌繁殖。

（5）初乳可促使真胃分泌大量消化液，使胃肠功能及早形成。

（6）初乳中含有丰富营养，如蛋白质含量比常乳多4～5倍，乳脂肪多1倍，维生素A、维生素D多10倍。

由于初乳的这些特殊的生物学功能，因此新生犊牛吃初乳是不可或缺的，吃不到初乳的犊牛将无法成活，吃不足初乳的犊牛则很难健康生长。

一般3天后转为常乳饲喂，7天后转入犊牛群喂混合乳。现多数牛场每天喂3次混合乳，与挤奶时间安排一致。实践证明，每天喂2次混合乳对于断奶时的增重和健康无不良影响。出生2天开始饮水，饮水一般在进食半小时后。

2. 确保早期日增重 从出生到2周龄要确保日增重，每天饲喂的奶量占犊牛体重的10%，使日增重达500～600克。研究表明，每天饲喂全脂牛奶占体重的12%～15%时，能使日增重率明显提高。表5是犊牛牛奶建议喂量。

表5 犊牛牛奶建议喂量（单位：千克）

（1）20℃以上凉爽天气牛奶建议喂量

	体重分类（千克）		
	<32	40	>42
1～3天（初乳）	3.5	4.5	5.5
4～7天	3.5	4.5	5.5

（2）热天建议喂量

	体重分类（千克）		
	<32	40	>42
1～3天（初乳）	3	3.5	4.5
4～7天	3	3.5	4.5

续表

(1) 20℃以上凉爽天气牛奶建议喂量

	体重分类（千克）		
	<32	40	>42
第二周	3.5	4.5	5.5
第三周	3.5	4.5	5.5
第四周	3.5	4.5	5.5
第五周	3.5	4.5	5.5
第六周	3.5	4.5	5.5
第七周	3.5	4.5	5.5
第八周	3.5		

(2) 热天建议喂量

	体重分类（千克）		
	<32	40	>42
第二周	3	3.5	4.5
第三周	3	3.5	4.5
第四周	3	3.5	4.5
第五周	3	3.5	4.5
第六周	3	3.5	4.5
第七周	3	3.5	4.5
第八周	3		

3. 早期饲喂植物性饲料，可促进瘤胃发育　培育犊牛的重中之重是确保瘤胃发育良好，为使瘤胃上皮乳头快速发育，出生后一周可让犊牛采食精料（开口料）。在开始喂液体奶后，抓一把开口料放在犊牛嘴边舔尝。10~15 天开始喂给犊牛干草，以促使瘤胃肌肉发育，开始可把优质易消化的干草切成 2.5 厘米长度，以 10%比例与粗蛋白含量为 20%的犊牛开口精料混合，组成“混合饲料”喂之。当犊牛能采食 0.75~0.9 千克开口料后，犊牛就能主动采食干草。从 2 月龄起犊牛饲养开始往青年牛过渡，把粗蛋白含量为 20%犊牛料，慢慢降到蛋白质含量为 17%的青年牛料。表 6 是犊牛的几种开口料配方。

4. 补喂抗生素，预防犊牛拉稀　如每天补饲 1 万单位金霉素，30 日龄后停喂，这不但使下痢大大减少，并且可使犊牛增重提高 7%~16%。

表6 犊牛的几种开口料配方

饲料种类	各种饲料比例（单位：千克）		
	1号日粮	2号日粮	3号日粮
大麦（压扁或粗磨）	300	—	575
玉米籽实（粗磨）	—	300	—
小麦（压扁或粗磨）	200	—	—
豆饼（44% CP*）	300	250	200
干的玉米糟（26% CP*）	100	150	—
小麦麸	100	—	—
湿的豆浆	75	5	50
石灰石（38% 钙）	10	5	10
氧化镁（58% 镁）	2	2	2
食盐	10	10	10
维生素A、维生素D、维生素E	2	2	2
粗蛋白（%）	20	20	19.5
总可消化养分（%）**	71	72	72

5. 为节约鲜乳，降低成本 犊牛生后10天左右可用人工乳代替全乳。如瑞典出售的人工乳成分为：脱脂乳粉69%、动物脂肪24%、乳糖5.3%、两价磷酸钙1.2%。此外，每千克人工乳中再加35毫克四环素和适量维生素A、维生素D、维生素E。此人工乳含粗蛋白在22%以上。

三、犊牛早期管理

（1）良好犊牛培育要从产前开始，产房要彻底消毒、卫生要清洁；接产、助产要按规程操作严格消毒。

（2）出生30分钟后，可把犊牛与母牛分开，以防母牛将所带病菌传给犊牛。把犊牛放入育犊室（栏）内。冬天，特别是北方，要注意育犊室的保暖，可把育犊室改装成保暖室，室温控制在20~21℃。

每栏一犊，单独喂养。单独喂养一段时间后，转至犊牛舍中群养，每舍4~5头。栏内铺上垫草，要定期消毒，保持栏内清洁干燥。同时，要尽可能地减少应激、促进采食、提高采食量，使日增重达0.75~0.8千克。

(3) 最好在3~4周龄时去角。

(4) 现在牛场犊牛断奶日龄，在日采食精料达1千克、体重达85千克时，犊牛可断奶，一般为2~3月龄（吃奶量共计300~400千克）。

早期断奶可节约商品乳、降低犊牛培育成本、提早补饲精料和牧草，同时可促进犊牛消化器官发育、提高犊牛培育质量。

四、驱虫

2月龄要进行寄生虫卵检测，依虫卵情况进行驱虫，间隔3个月再检测驱虫一次。另外，幼犊易患腹泻和呼吸道疾病，要注意预防。

第二节　犊牛常发疾病

一、犊牛大肠杆菌病

大肠杆菌是人畜肠道常在菌，往往因异常增殖或侵入其他部位增殖而发病。不是所有大肠杆菌都有致病性，仅少数具有致病性的特定大肠杆菌才能致病。致病性大肠杆菌按致病机制可分肠管毒素源性（ETEL）、肠管病源性（EPEL）、肠管组织侵入性（EIEL），婴儿三型均可感染，犊牛只感染肠管毒素源性。

肠管毒素源性大肠杆菌能产生肠毒素，此毒素为蛋白质性外毒素，由质体支配，分耐热的肠毒素和不耐热的肠毒素，两者同时或单独产生。

犊牛大肠杆菌病，多发于2~3周龄犊牛，可分为败血型和白痢型，败血型发生于2~3日龄新生犊，败血型大肠杆菌血清以O78型检出率最高，还有O15、O115、O8等。大肠杆菌为全身性感染，急性经过，败血死亡，病原不明，可能是由产生的内毒素引起的死亡，多因初乳吃得太少诱发。

白痢型主发于1~2周龄犊牛，大肠杆菌在小肠异常繁殖会产生毒素，引起腹泻。现仅就白痢型简述如下。

（一）发病机制

引起白痢型大肠杆菌是具有菌毛（黏附因子）K99、F41等的特定菌株（图26），它们不侵入黏膜上皮细胞，是靠菌毛（又称黏附因子）黏附在肠黏膜上，定居、增殖、产毒。寒冷、过食等有害因子使犊牛处于应激状态，肠内环境因应激发生改变，菌群失调，小肠氨值上升，大肠杆菌乘机进入小肠，首先靠菌体表面的菌毛与小肠黏膜上皮细胞受体锁匙状结合，定植在小肠黏膜上，其中有毒株选择性迅速增殖，在增殖过程中ETEL产生一类DNA物质，以此为模板合成肠毒素。不耐热的肠毒素与霍乱菌产生的不耐热的大分子肠毒素CT的一个多肽亚基非常相似，致病机制相同。

在生理状态下，三磷酸鸟苷（GTP）可使小肠黏膜上皮细胞膜上的腺苷酸环化酶活化，活化的腺苷酸环化酶使细胞内的ATP转化为环一磷酸腺苷（cAMP），使细胞内的cAMP值上升，水和电解质的分泌增加；接着活化的腺苷酸环化酶游离出一个磷酸根而失活，细胞内cAMP值下降，水和电解质分泌减少。腺苷酸环化酶就是这样通过GTP-GDP体系对电解质和水的分泌进行生理调节。

LT或CT能阻止腺苷酸环化酶的失活，使细胞内的cAMP浓度保持高水平（图25），使水和电解质分泌一直处于亢奋状态，引起腹泻和以下病理反应。

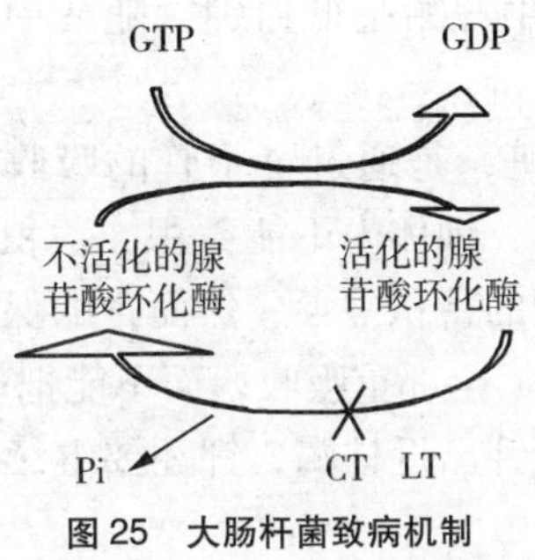

图 25　大肠杆菌致病机制

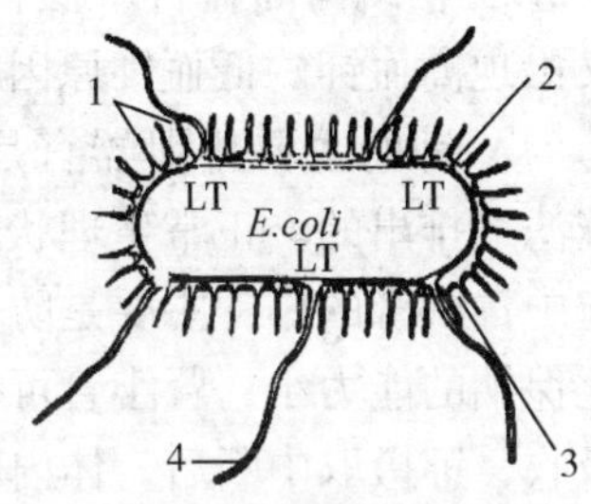

图 26　大肠杆菌模式

1. 菌毛（K88、K99、987P、F41）　2. 细胞壁　3. 荚膜　4. 鞭毛　LT. 毒素

1. 脱水、低血钠　大肠杆菌引起的肠管分泌亢进，使大量的小肠分泌液丢失，分泌液中的钠浓度与血浆相同，连续的腹泻使犊牛丢失大量的水和钠离子，再加上低钠血可使肾脏为维持渗透压的正常而使水分排出增加，结果使细胞外液间隙缩小，循环血量减少，血压下降，导致外周循环和肾衰竭，犊牛肌肉无力，体温下降。

2. 酸中毒　引起代谢性酸中毒原因有三种。

（1）消化液是碱性，含大量的重碳酸盐，在正常生理状况下，这些分泌液绝大部分在下部肠管被重新吸收，然而腹泻使这些分泌液大部分丢失。

（2）循环血量减少，外周循环衰竭，造成组织缺氧，糖酵解亢进，中间代谢产物有机酸在体内大量蓄积，再加上重碳酸盐大量丢失，使机体失去对有机酸的缓冲能力。

$$HA+HCO_3^- \rightarrow A+H_2CO_3$$

$$H_2CO_3 \rightarrow H_2O+CO_2$$

（3）血液循环衰竭引起肾功能不全，使肾失去排 H^+ 能力和对重碳酸盐的重吸收能力。

3. 钾枯竭与高血钾 腹泻犊牛开始是低血钾，随酸中毒加重又出现高血钾。低血钾原因有三种：

（1）钾的主要排泄器官是肾脏，是通过肾小管的吸收和肾小球滤过排出的。正常生理状态下，钾体内不能蓄积，蓄积就会引起中毒，肾的排钾主要是防止钾的蓄积中毒，然而肾的保钾能力比保钠的能力小，肾小管可把 Na^+ 全部重吸收，而不能把 K^+ 全部吸收，钾摄取中断后，体内尽管钾已近枯竭，钾还要继续由肾排出。

（2）醛固酮在促进 Na^+ 和水重吸收同时，促进钾的排出，在脱水酸中毒情况下，为保 Na^+ 和水，醛固酮分泌增加，导致钾排出增加。

（3）钾在体内不能储存，因食欲废绝，中断了钾源。

低钾血犊牛出现神经症状——嗜睡、过敏，并出现重度肌肉无力。一般血钾浓度在 2.5mmol/L 以下时，可出现上述症状。

重度酸中毒时的高血钾原因有：钾绝大部分在细胞内，细胞内外浓度间无相关性，此浓度梯度是由 Na^+ 泵把 Na^+ 从细胞内泵到细胞外的结果，在酸中毒情况下，细胞外 H^+ 浓度上升，为缓解酸中毒，细胞把 H^+ 摄取到细胞内，把钾排出到细胞外，结果细胞内 K^+ 减少，细胞外 K^+ 明显上升。再加上疾病后期，肾功能不全，K^+ 排出减少，结果出现高血钾。临床上一些拉稀犊牛，往往因高血钾引起心跳停止而死亡。

（二）临床症状

本病主要发生在 1~2 周龄犊牛，以拉稀为主，多排出灰白色稀便，所以又称“犊白痢”，也有呈黄色水样或糊状酸臭便，便中混有血液或肠黏膜剥脱片。多无热，病初精神食欲变化不大，因脱水而见眼窝下陷，黏膜发干，被毛枯燥无光，因电解质紊乱和末梢循环障碍，犊牛表现为无力状，四肢末梢发凉，最后多见四肢伸出横卧，体表常被粪便污染。营养迅速恶化，病重的

经 2~3 天可因衰竭而死亡，死亡率为 5%~10%，恢复者发育明显变慢。

(三) 预防

在犊牛白痢预防上，抗生素有很多副作用，不但耐药菌株越来越多，而且还会引起肠道菌群失调而使病情加重。因此，兽医工作者正在探讨替代抗生素的预防措施。现就临床试用情况整理如下：

1. 初乳球蛋白　犊牛在出生 30 分钟内，最迟不能超过 2 小时，必须吃上初乳，2 小时内要吃 50 毫克/毫升的免疫球蛋白的浓厚初乳 3 升，吃不够要用胃管灌服。

测定犊牛免疫球蛋白吃的量是否足够，可用亚硫酸钠浊度法（SSTT）鉴别，首先离心或自然分离犊牛血清，取 0.11 毫升血清加入试管中，再加 18%无水亚硫酸钠或 36%亚硫酸钠 1.9 毫升，轻摇试管使之与血清混合，室温放置 10~15 分钟后，肉眼观察混浊度，进行判断。

无变化（透明），则无初乳摄取。

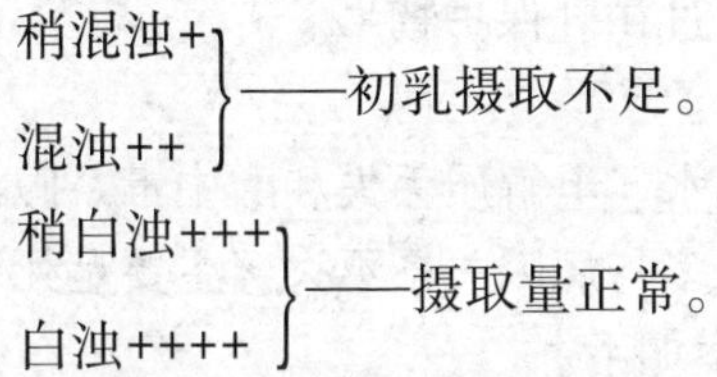

亚硫酸钠浓度低，则反应弱；浓度高，则反应强。因此，试剂浓度必须准确配制。此法可较准确地监测新生犊牛的抗病力。

2. 微生态活性剂　肠道内有两大类菌群，即有益菌群和有害菌群。乳杆菌或其他微生态活性剂为有益菌群。在初乳和常乳中加入乳杆菌进行发酵后，喂犊牛，不但能使腹泻的犊牛数量大大减少，且离乳后发育良好。如双歧乳杆菌对犊牛有类似抗生素的作用，可使肠道 pH 值下降，既能抑制大肠杆菌增殖又能抑制产氨菌增殖，其代谢产物如低级脂肪酸还具有抗生素的作用。给4~16日龄、体重36~55千克犊牛每天每头喂3克双歧乳杆菌（每克含菌10^9个以上），对预防犊牛腹泻有很好效果。

3. 维生素 适量泛酸（遍多酸）可使肠道菌群正常化，又有保护肠黏膜作用，5~10日龄犊牛日喂1%泛酸10克，预防效果良好，但不可多用，20克就因量大而无预防作用。

维生素A缺乏，肠道上皮细胞会发生角化，对细菌感染的抵抗力降低。为预防腹泻，必须确保初乳中维生素A充足，在分娩前30~50天，给母牛每头肌内注射维生素A 50万~100万单位，对预防犊牛腹泻有一定作用。

维生素E具有抗氧化作用，能保护生物膜的完整性、增强机体的免疫应答、提高初乳抗体滴度。产前最好给母牛肌内注射适量亚硒酸钠和维生素E。

4. 免疫预防 疫苗主要有K88基因工程疫苗、F41基因工程疫苗、大肠杆菌多价灭活油乳疫苗、大肠杆菌与轮状、冠状病毒混合疫苗等。如K99和轮状病毒二联疫苗，产前6周、4周接种母牛，使其产生母源抗体，通过初乳保护犊牛。

（四）治疗

大肠杆菌性腹泻主要是脱水、电解质丢失和酸中毒。腹泻引起的死亡，除内毒素中毒外，多与病因关系不大，主要是死于酸中毒和脱水（图7）。治疗方案如下。

1. 补充水和电解质

（1）口服补液：小肠水分的吸收能力很强，速度极快，其入血速度远远超过皮下注射，几乎与静脉注射等同。几乎不溶于水的药物，经口服给予也有相当部分被吸入血液中。经口服的物质，只要到十二指肠，有可能吸收的就迅速被吸收。

小肠的分泌能力十分强大，如体重60千克的成人，每天肠分泌消化液为50升，人体内所有水分每天要作为肠消化液进入

肠内一次。人每天排泄的正常粪便中水分含量为160毫升，每天从粪便排出水分超过200毫升就呈现明显腹泻，200毫升只相当于50升的0.4%，也就是说肠管稍有异常，总吸收能力下降0.4%就出现腹泻。

小肠吸收十分迅速，腹泻尽管比较严重，其肠管的病变也可能是轻微的。小肠的上述生理特性，表明通过口服补液盐是适宜的、可行的。

大肠杆菌与轮状病毒、冠状病毒混合感染引起的病变主要是肠分泌亢进，脱水和伴随脱水而引起的电解质丢失导致的酸中毒。所以利用口服补液盐（ORS）补液是十分适宜的。口服补液盐组成为：氯化钠3.5克、碳酸氢钠2.5克、氯化钾1.5克、葡萄糖20克、水1 000毫升。

首次补液量：轻度脱水，可以体重5%的失水量进行补液，重度可以体重10%的失水量进行补液。持续补液量：24小时内的持续补液量以每千克体重50~100毫升为基础进行计算。

如50千克犊牛脱水占体重8%时，首次补液4升，维持补液为2.5~5升；失水占体重12%时，首次补水6升，维持补液2.5~5升。必要时可胃管灌服。

（2）静脉补液：若犊牛高度乏力、精神高度沉郁甚至昏迷时，需静脉补液，一般用等渗溶液，补液量为2~4升。纠正酸中毒需补碱性物质碳酸氢钠（HCO_3^-）。其用量为：体重45千克犊牛一次静脉注射5%碳酸氢钠20~50毫升。

2. 合理使用抗生素　可用氨基糖苷类（硫酸新霉素、阿米卡星）、头孢类（头孢曲松）、阿莫西林、喹诺酮类（氧氟沙星）等进行治疗。

表 7　判断脱水程度的简单方法

脱水程度（%）	眼窝下陷	皮肤恢复时间（秒）
0	无	<1
1~5	很轻微	1~5
6~8	轻微下陷	6~8
9~10	眼球和眼眶距离小于 0.5 厘米	11~15
11~12	眼球和眼眶距离大于 0.5 厘米	16~45

3. 中药治疗　从病理机制分析，大肠杆菌病属湿热蕴积大肠引起的泻痢。治疗原则：清热解毒，凉血止痢。方药：加味白头翁散。白头翁 20 克，黄连 20 克，黄柏 20 克，秦皮 15 克，党参 10 克，生地黄 10 克。煎两次，混合后，分早晚两次灌服。

白头翁清大肠血热，专治热痢；黄连清化湿热而固大肠；黄柏清下焦湿热；秦皮清肝经湿热，凉血止痢；三药相辅相佐，主治湿热瘀于血分的肠癀热痢。犊牛为稚阴稚阳之体，易伤阴又易伤阳，所以加党参补气助阳、生地黄凉血养阴。舌体发绀、结膜发绀为血分热重，再加丹皮、玄参；口津黏滑，为湿邪偏重，再加泽泻、车前子；腹胀为有气滞，再加木香、枳壳理气。

二、沙门杆菌病

犊牛沙门杆菌病，又称犊牛副伤寒，是犊牛感染鼠伤寒沙门菌或都柏林沙门菌引起的。3 周龄内犊牛多发，死亡率达 30%~40%，一年四季均可发生，但以秋季和初冬较多，在犊牛舍中可快速传播。

（一）病因

通常通过病牛或带菌牛排出的粪便、分泌物污染的饲料或水源经消化道感染，犊舍拥挤、粪便堆积、环境潮湿、卫生不良也能促进本病发生。

（二）临床症状

最常见的为败血型和肠炎型。败血型：突然发生，精神高度

沉郁，体温达 40.5~42℃，1~2 天死亡。肠炎型：患犊精神沉郁，食欲减退，体温升高，排恶臭黄白色水样便，内含豆腐渣样未消化物或混有血液；脱水，站立困难，迅速衰竭，经 4~5 天死亡，也有呈现关节炎症状的。从临床症状与大肠杆菌病很难鉴别，用死亡牛肠系膜淋巴结、脾脏或肠内容物，通过细菌学培养，检出沙门菌才能区分。

（三）剖检

败血型主要是败血病变，剖检见心内外膜、腹膜、胃肠黏膜、肠系膜淋巴广泛出血。肠炎型剖检见肝脏有坏死灶，脾脏肿大，有散在坏死灶，肾表面有坏死，肠系膜淋巴结肿大出血，肠黏膜出血。

（四）防治

1. 抗生素治疗　沙门菌抗药性严重，最好两种抗生素合用。常选用药物有恩诺沙星、阿莫西林等。

2. 补充电解质和水　参照大肠杆菌，可饮口服补液盐和静脉注射。可用5%碳酸氢钠和生理盐水输液，缓解酸中毒。

3. 中医治疗　参照大肠杆菌病。

4. 预防　可用副伤寒氢氧化铝菌苗预防。母牛产前 6 周和 4 周各注射 1 次。

5. 吃初乳　犊牛要吃足初乳，增强抗病力。

6. 保暖　犊牛舍冬季要注意保暖，舍内要经常消毒，舍面要干燥。饮水要清洁，特别是夏季要注意饮水消毒。

三、犊牛病毒性腹泻

（一）轮状病毒感染（RVI）

轮状病毒是正二十面体，恰似车轮样，所以称轮状病毒。有两层，内层壳粒排列成放射状，似是车轮的齿；外层为包围壳粒层的薄膜，犹如车轮的胎，所以又称双层病毒。在感染的小肠黏膜上皮细胞上也可观察到具有包膜的粒子，核酸型为 RNA。

仅感染 1 月龄内的犊牛，3 日龄后犊牛发病率急速上升。一旦发生，就常在化，以后牛群每年反复发生，主要发生于冬季，因冬季气温低，局部黏膜免疫机构易被抑制，病毒容易增殖。

易常在化的原因是病毒对外界诸因子抵抗力很强。不显性感染的成牛和犊牛从粪便中长期排出大量病毒，成为感染源。曾经感染的母牛小肠黏膜对该病毒有抵抗性，但初乳中几乎不含有相应抗体。

最早在出生后 12 小时可出现症状，最晚数周内停息。一般 1~7日龄发生最多。与冠状病毒、大肠杆菌等混合感染时，能引起严重拉稀，并呈现高死亡率。多以突然拉稀开始，晚上尚无症状，第二天早上开始拉稀病例最普遍，排水样，黄色、乳黄或黄绿色便，有时混有血液。在拉稀出现前后，见发热，精神沉郁，轻的拉稀经 6~8 小时完全恢复，严重时不能站立，经过 1~2 天，多因脱水酸中毒而死亡。

治疗方面，发病后立即停止给乳，仅喂给水可促使病愈。为防止细菌继发感染使病势恶化，可投予抗生素。为防脱水、酸中毒，每天每千克体重输液 100~200 毫升，里面加入适量碳酸氢钠。

目前对本病毒致病机制还不十分明了，所以预防困难。国外有采用疫苗预防的，如用福尔马林灭活苗 5 毫升在母牛分娩前 60~90天、30 天两次接种，母源抗体可经初乳移行给犊牛。

（二）牛病毒性腹泻-黏膜（BVMV）感染

黏膜病毒最初是从腹泻病牛中分离出来，后来又从消化道黏膜病变为主征的病牛中分离出来，所以称病毒性腹泻-黏膜病毒。病毒粒子球形，单股 RNA，有包膜。与猪瘟病毒有共同抗原，因此，用此病毒免疫猪群可预防猪瘟。

此病毒全世界蔓延，据日本学者报道，单独感染少，多与其他病毒或细菌混合感染，因此病情极为复杂，诊断也困难。临床上见

到的拉稀和呼吸器官疾病，与本病毒有怎样的关系，还难以判断。

本病易形成垂直感染，母牛在妊娠早期不显性感染时可见流产，所产犊牛可见目盲或小脑功能不全。

自然感染潜伏期为7~10天，急性型主见于犊牛，以临床症状可分三型：①黏膜型：初期见感冒样症状，发热40.5~41℃，干咳，呼吸急迫，有浆液——黏液性鼻漏。2~3天内鼻镜出现小溃疡。见黄色水样稀便。②腹泻型：拉稀水样带血，恶臭，含有黏液或纤维素样伪膜，多因脱水衰竭。③发热型：特征性双峰性发热和一过性白细胞减少，严重者精神沉郁，消瘦，不见拉稀，似牛流行热。

治疗尚无有效药物，补液是有效对症疗法，在国外已开发出弱毒疫苗，此苗一般在流行区内对2~6个月至2岁牛接种，受威胁牛群每3~5年接种一次，妊娠母牛不能接种，以防流产和先天畸形。

（三）冠状病毒感染

本病毒于1972年被发现，从感染犊牛粪便中的病毒在电镜下观察呈多形性，但主要是圆形或椭圆形，有包膜，其表面有约23微米的花瓣状突起覆盖，其外观恰如日冕，所以叫冠状病毒，为单股RNA。

大小牛均可感染，主要发生于冬季，成牛多在冬季气温骤降或日温差过大时发生，犊牛多与轮状病毒混合感染，但也有报道称轮状病毒在1月龄内多发，冠状病毒在比较高些日龄多发。

成牛感染潜伏期为2~3天，症状是突然拉稀，粪便水样淡褐色，几乎无恶臭。或呈黄色或乳黄色，重症时混有黏液、血液或伪膜，此时多见恶臭；还可见轻度发热，白细胞减少，精神沉郁等。犊牛预后慎重，多因急剧脱水死亡。成年牛经1~2日恢复，几乎无死亡。

为预防因继发感染使病情恶化，可投予抗生素或磺胺类药物，为防止脱水可输液补水以缓解酸中毒。犊牛腹泻类症鉴别如表8所示。

表8 犊牛腹泻类症鉴别

病名	患龄	主发日龄	发生状况	粪便状态	主要症状
轮状病毒	1月龄内	1~7日龄	急性	水样，黄、淡黄、黄绿或乳黄色	发热、精神沉郁
冠状病毒	与年龄无关	1~12月龄	急性	水样、黄或乳黄色	因脱水死亡
病毒性腹泻黏膜病毒	与年龄无关	7~14日龄	急性	黏血下痢便，里急后重	发热，食欲减退或废绝，流涎、流泪，因脱水死亡
病原性大肠杆菌	1个月以内	1~10日龄	急性	乳白、水样恶臭，下痢便	可因脱水死亡
沙门菌	2周龄~12月龄	7~20日龄	急性	水样，恶臭下痢便黄白色，重症黏血便，暗色糊状便	发热、食欲减退或废绝，因脱水死亡
营养不平衡	1月龄以内	2周龄内	缓慢	伴有恶臭糊状便	发育不良
球虫	2周龄~12月龄	2周龄	缓慢	暗色糊状血便	食欲减退，精神沉郁
隐孢子虫	1~8月龄	3~4周龄	急性或缓慢	下痢或软便，淡黄、淡灰白色	食欲减退，不能起立，脱水有时死亡
梭状芽孢杆菌	10周龄内	2周龄以内	暴发	出血性下痢便	急性经过，死亡

四、犊牛原虫感染

原虫感染严重威胁着犊牛健康成长，临床常见的有以下几种。

（一）球虫病

奶牛球虫病主要发生于犊牛，主要由艾美耳球虫和等孢子球虫引起。孢子化卵囊被犊牛吞食后，侵入肠道上皮细胞进行分裂繁殖、损伤肠道而发病。进行几次裂殖后，裂殖子形成大小配子，受精后形成卵囊，随粪便排出，在体外发育成具有侵袭孢子化的卵囊。

患病犊牛表现为精神萎靡，便血，大便中含大量肠脱落上皮，腹痛，脱水，后期往往因伴有继发感染体温升高，转为慢性则逐渐消瘦、贫血，形成僵牛甚至死亡。一般为急性经过，病程1~2周。

治疗：治疗球虫的西药很多，有地克珠利、磺胺类药、马杜拉霉素、氯苯胍、氨丙林等。如氯苯胍40毫克/千克体重，每天1次，连用3天。中药清热解毒、凉血、止血、止泻、补气。槐花15克，地榆15克，白头翁20克，甘草10克，青蒿10克，丹皮10克，共为细末，1次内服，每天1次，连用3天。

（二）新孢子虫病

本病是由犬新孢子虫引起的一种新原虫病；此虫专性细胞内寄生，犬为终末宿主、主要感染源，以垂直传播为主。怀孕母牛感染后能通过胎盘感染胎儿，引起流产、胎儿自溶或产弱仔，一出生就呈现神经症状，四肢虚弱僵直。

有的出生后临床表现正常，12周龄后发病，出现神经症状，运动异常，共济失调，膝跳反射减弱，前肢或后肢弯曲或过度伸展，也可能出现凸眼。是否水平传播尚存争议。复方新诺明、乙胺嘧啶、四环素、克林霉素、离子载体类抗生素等，均有一定疗效。

（三）隐孢子虫病

本病为人畜共患疾病，是由鼠隐孢子虫和小隐孢子虫寄生于牛肠道，无须转换宿主。卵囊随犊牛粪便排出，在体外发育成具侵袭卵囊后，再被其他犊牛摄入体内而感染。隐孢子虫主要损伤犊牛后端小肠，引起犊牛严重腹泻、脱水。发病集中于3周龄左右的犊牛。单独感染腹泻可持续7天以上，继发或混合感染会出现酸中毒等使病情加重。吃足初乳可减少本病发生。

治疗可用磺胺类药（如磺胺六甲氧嘧啶）、中药提取物（如青蒿素）、抗生素类（如螺旋霉素）等。螺旋霉素50毫克/千克体重内服，每日1次，连用3天。

五、犊牛混合感染性肺炎

在欧美本病很早就是集约化饲养犊牛的严重疾病，多发生于1~6月龄的哺乳犊牛，特别是导入的犊牛，往往在导入2~3周后发病。

与犊牛肺炎有关的病原微生物有数十种（表9），以其参与方式可分两类，一是病原菌如病毒，主要是PI-3病毒、牛呼吸道合胞体病毒，衣原体、支原体及很少部分细菌。二是继发感染菌，是肺部病变出现后再介入的，主要使病情加重。已证明尿支原体、牛支原体、相异支原体是犊牛肺炎的主要致病菌，其他支原体如精氨酸支原体、微碱性支原体和多数细菌是作为继发感染参与的。

临床研究资料报道，一些集约化饲养场，以支原体感染为主的犊牛混合性肺炎微生物出现顺序如下：副流感Ⅲ（PI-3）型病毒感染发生在呼吸道症状出现之前，较短时间内感染就终结，尿支原体的消长与呼吸症状相一致，其他支原体的消长与呼吸症状无特别相关。发病前检出的细菌多是链球菌、葡萄球菌、枯草杆菌、肠内细菌群等常在菌混在，发病后慢慢菌种变得单纯化。因个体不同，巴

氏杆菌、嗜血杆菌、摩拉克西菌等其中一种成为主要菌。

从上述情况看，被检出的主要微生物致病顺序，PI-3 病毒感染可能是以后尿支原体增殖的导火线，在肺炎的发生上起着推动作用；尿支原体作为主要的病原体，破坏支气管上皮细胞纤毛和使杯状细胞激增，形成病变；其他支原体为尿支原体伴生菌，增强尿支原体的增殖，巴氏杆菌、嗜血杆菌等起着加重病变的作用。

表 9　与牛呼吸器官有关的主要病原微生物

病毒	支原体	细菌
副流感病毒（PI-3）	牛支原体	巴氏杆菌
牛 RS 病毒	尿支原体	嗜血杆菌
牛腺病毒（1~9 型）	相异支原体	棒状杆菌
牛传染性鼻气管炎病毒		
呼肠孤病毒		

（一）发病状况

从各国发生的病例看，感染率无品种差别，耐受有明显的年龄差别，多发于从哺乳期到育成期，规模化集约舍多发。

支原体肺炎不表现症状，慢性卡他性肺炎即使感染且已形成肺炎病变，临床也不见发病，看起来仍然健康。Gourky 等报道，健康的 1~8 周龄犊牛，41 头中有 31 头可从喉头检出相异支原体（M drspar）。一般往感染牛群导入犊牛时，3 周内有 54%~100%的犊牛鼻腔中有支原体，说明感染是以水平感染为主体。

感染犊牛因受到呼吸系统各种病毒或细菌的混合感染，或因哺乳期多发的拉稀使体力过度消耗，或因饲养环境的应激因子等作用，才可能出现临床型肺炎。1 月龄以上发病率远远高于生后不久，感染牛群呈现的发病特征是：无季节性，每次 2~3 头散发，发病持续时间很长。

病毒由于产生中和抗体的作用，在细菌继发感染后多数已被消灭。然而支原体消灭不了，其生活在肺中并一直对肺有致病作

用。继发感染菌产生致病作用时，支原体仍作为肺炎起因发挥致病作用。这种奇妙现象的出现，是因为支原体产生的抗体很少，或在抗体充分产生时支原体就集中在失去血流的肺小叶病灶中，抗体无法到达。

（二）临床症状

仅支原体感染，即使病灶形成，多数情况下也不呈现临床症状，在与病毒或细菌等混合或继发感染，或畜舍小气候急变时，感染牛才出现支气管肺炎症状。

初期咳嗽，水样鼻液，眼结膜充血，有眼屎，体温41℃左右；继而转为慢性的，呈现顽固性咳嗽、喘鸣、脓性鼻液、食欲减退、被毛粗刚、眼窝下陷、全身消瘦；末期可视黏膜发绀、食欲废绝、病牛横卧、呼吸困难。这些症状与其他原因性呼吸疾病症状一样，无特征性症状。混合感染时，因混合感染的病原菌不同，症状差异很大。

（三）剖检变化

仅肺和附属淋巴结出现病变，其他脏器无异常。肺的病变主要在间叶、中间叶及心叶部分，淡赤褐色，内充满脓样物，肋膜面有纤维素沉着和横膈膜粘连（图27）。肺病变部固定染色镜检，呈现特征性犊牛袖套性肺炎（支气管周围出现淋巴细胞浸润）。

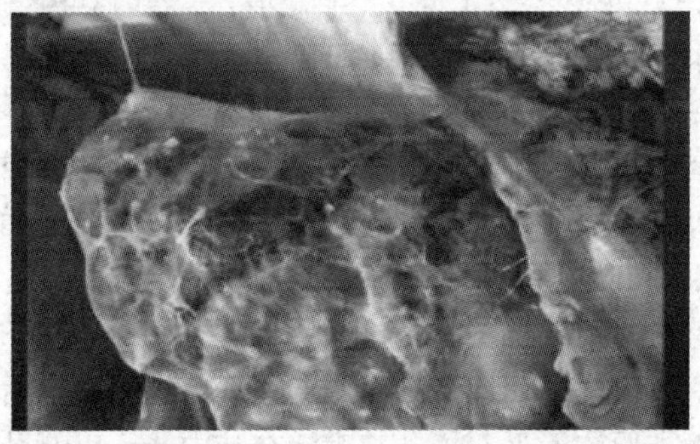

图27　犊牛肺炎（肺表面纤维素膜）

（四）治疗

1. 西药治疗　表 10 是犊牛肺炎的尿支原体、相异支原体和牛支原体药敏试验概略表，从表中可以看出，对 3 种支原体都有效的药物是四环素类、大环内酯类和双萜类。资料报道，泰乐菌素 2 克/(头·天)、多西环素 0.3 克/（头·天），混入代乳中连续投予 21 天，咳嗽程度及频度显著减轻，支原体的分离率和数量都减少。

表 10　源于犊牛支原体的药物敏感性

药物＼细菌		牛支原体	相异支原体	尿支原体
青霉素类	氨苄西林	×		×
氨基糖苷类	链霉素	×		×
	卡那霉素	×		×
四环素类	四环素		0	
	土霉素	0	0	0
	金霉素	0	⊿	0 ⊿
	多西环素	⊿	0	0
	美他环素		0	
大环内酯类	红霉素	×	⊿	0
	北里霉素	0	0	0
	竹桃霉素		×	×
	螺旋霉素	0	0	0
	泰乐菌素	0	0	⊿0
双萜类：	甲砜霉素	0	0	0
氯霉素		⊿		0 ⊿

注：0：强敏感　⊿：弱敏感　×：耐药

用其他抗生素治疗效果不理想的犊牛，用硫霉素以每千克体重 20 毫克、10 毫克、20 毫克，12 小时间隔分 3 次静脉注射，65 头中 39 头康复。

用抗生素只能使症状有所改善，不能除去病因，支原体依然存在于呼吸道内，所以，常常出现再度发病。一般 1~3 月龄呈现症状的犊牛群，用大环内酯类药物治愈后，3 个月内还要继续投予，这样可以减少再发，否则，有 5%~10%的犊牛在 4~5 月龄再发。

2. 中药治疗 依中医辨证，本病病理机制是热毒壅肺，肺失清肃则咳，肺失宣降则喘。治则：清热解毒，宣肺平喘。方药用加味麻杏石甘散：麻黄 10 克、生石膏 50 克、杏仁 10 克、甘草 5 克、二花 20 克、连翘 15 克、黄芩 15 克、穿心莲 20 克。麻杏石甘散，麻黄宣肺平喘，生石膏清热泻肺，杏仁平喘为麻黄之臂助，甘草止咳兼调和诸药，四药配伍，辛凉、宣泄，清肺、降气、平喘，为治疗肺热咳喘基础方；加二花、连翘、黄芩、穿心莲，增强清肺解毒之力。热重再加鱼腥草，咳重再加百部、马兜铃，喘重加桑白皮。

（五）预防

（1）首先禁止呼吸系统有异常的犊牛导入。需要导入的犊牛，必须进行健康检查。

（2）犊牛舍通风换气必须良好，防止氨气过浓损伤呼吸道黏膜。犊牛舍中粪尿产生的氨气必须能顺利排出。把 MG（支原体）接种于雏鸡，在（50~100）$\times10^{-6}$氨气环境下饲养，MG 在呼吸道显著增殖，很快出现症状和病变，说明支原体的致病与氨气密切相关；要注意犊牛横卧时鼻孔高度的空气是否流通，可用烟气进行检查，特别是犊牛舍深处更应注意。

（3）尽量减少犊牛间接触，支原体肺炎传播性不强，多为散发，舍内密切接触才能感染，密集饲养环境是感染高发原因之一。

（4）犊牛免疫系统发育尚未成熟，易受多元感染，所以要加强饲养管理，减少应激，防止混合或继发感染。

（5）要早发现，早治疗。发热时才进行治疗比一有症状就治疗的疗效差，疗程长，恢复慢。

六、犊牛消化不良

犊牛生后 3 周内，胃液分泌量少，除生乳以外，对其他营养物消化力均弱，特别是对大豆蛋白和植物性糖类很难消化。易发生消化不良性腹泻。

（一）发病原因

代乳料的主要成分是全脂奶粉、脱脂奶粉、酪蛋白等，和生乳不同，是加热处理后的变性蛋白质，犊牛对其消化力弱，饲喂时若调制不良，浓度过大、温度太低或驯化适应时间太短，导致拉稀。开口料品质不良或采食过多难以消化，导致消化不良。

（二）临床症状

开始时犊牛精神状态、食欲变化不大，仅见粪便变软或水样，食后腹胀。时间一长，出现食欲减退，体重减轻。多数经2~7日恢复。也有因采食蒿秆类而导致严重拉稀，也有继发大肠杆菌或病毒感染使病性复杂，病情恶化而死亡的。

（三）治疗

在拉稀的第 2~3 天减少或停止代乳料的饲喂，以防未能消化的食物在胃肠内异常发酵而使病情加重，必要时可停喂适当时间，但不可缺水。

为防脱水要及时补液，可口服补液盐，也可静脉注射林格液或糖盐水，可加入适量碳酸氢钠以防酸中毒。

给予生菌制剂，如含乳酸菌、双歧杆菌、酵母类等生菌制剂，添加饲料中饲喂。

中药可灌服健胃散（自拟方）：党参 25 克、枳壳 25 克、厚朴 25 克、陈皮 30 克、焦三仙各 25 克、连翘 20 克。单纯消化不良，其病因是饮食伤胃，脾胃升降失序，水谷精微不能输布营养全身，“水反为湿，谷反为滞”，引起的肚腹痞满胀痛和腹泻。枳壳消痞，厚朴除满，陈皮消胀，党参补脾益气，以保护犊牛稚阳之气；焦三仙消食和胃，为防药性偏热，用连翘反佐。泻下重时可加石榴皮 30 克。每天一剂，煎汤灌服，连用 3 天。

七、脐炎

一般新生犊牛脐带断端会迅速干燥，一周内脱落。此期常见到因脐带处理不当，引发细菌感染性脐带发炎。

（一）病因

（1）早产虚弱、初乳摄入不足、维生素缺乏或出现腹泻，无力抵抗细菌感染。

（2）脐带消毒不严，舍内不洁或过于潮湿，导致细菌感染。

（3）同舍犊牛有恶癖，脐带因被同舍犊牛舔吮而引起细菌感染。

（4）脐赫尔尼亚或脐尿管未完全闭锁，长时间从脐带流出尿液，导致细菌感染。

（二）症状

本病多发于生后 1~2 周，症状表现为脐带肿胀，甚至化脓，触之犊牛有痛感；脐断端附有脓液或脓液干后的结块附于毛上。重症的见食欲减退，发热，拉稀。也有因脐静脉炎引起败血症或未见明显临床症状突发败血症死亡的。

（三）防治

（1）犊牛生后，马上用丝线在离腹壁 3~4 厘米处进行脐带结扎、切断，断端用消毒液涂布，1~2 周内注意观察有无肿胀，发现肿胀要及时治疗。

（2）夏季外部寄生虫是细菌传染的媒介，要注意驱杀。

（3）有恶癖的犊牛要隔离饲养。

（4）治疗可用抗生素内服或肌内注射，连用 3~5 天。脐带

局部进行排脓、冲洗、消毒、包扎外科处理。

（5）脐尿管瘘时，脐孔要及时缝合封闭。

第四章　围产期奶牛生理及营养特征

第一节　生产流程

奶牛生产流程如图 28 所示，育成牛 16~18 月龄配种，经产牛产后第 3 个发情期配种，分娩后进入泌乳期，泌乳期 300 天左右，分泌乳前期、泌乳盛期和泌乳中后期。产前 2 个月干乳，干乳期 60 天，分前、后两期。妊娠期 285 天，分娩，进入下一泌乳期。

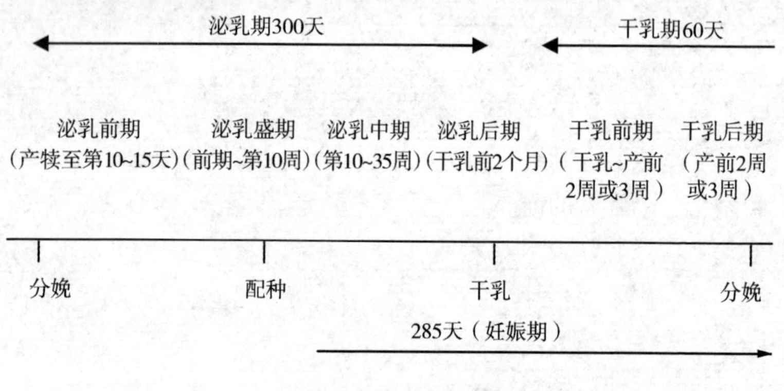

图 28　奶牛生产流程

在奶牛生产流程中围产期饲养管理是饲养奶牛的核心，是重中之重。奶牛围产期时间尚未统一，国内奶牛因泌乳量偏低，注

重的是生理变化最急骤的产前、产后 3 周。所以，产前、产后 3 周为围产期。国外奶牛泌乳量偏高，与产奶量高度相关的奶牛体型、产后高精料大量饲喂的适应过度、泌乳峰期（10 周前）特殊营养物的添加，都集中在产前、产后 2 个月，所以国外奶牛围产期为产前、产后 2 个月。

《兽医产科学（第 2 版）》中牛围产期是产前 2 个月至产后生殖器官复旧期（产后 40 天左右）。

产前、产后 3 周生理变化特别大，所以奶牛生理特征本书以产前、产后 3 周为中心论述；产前、产后 2 个月科学营养，是确保奶牛高产的重点，因此营养特征按产前、产后 2 个月为中心论述。

第二节　奶牛围产期生理特征

产前、产后奶牛内分泌和代谢状态变化巨大，产前瘤胃状态变化、产后体脂动员、葡萄糖缺乏、骨钙动员和肠道钙吸收增加是奶牛围产期最大生理特征。

一、瘤胃状态变化

干奶期奶牛因日粮以粗饲料为主，故瘤胃乳头状突起体积减小，长度萎缩，其吸收面积大大减少。瘤胃内细菌以发酵纤维素菌为主。干乳后的前 7 周，瘤胃吸收面积可减少 50%。要使萎缩的乳头状突起恢复和全部伸长（从 0.5 厘米伸长至 1.2 厘米），需 4~6 周时间。

分娩后，为满足泌乳需求，以非纤维糖类（NFC）为主的精饲料日粮增加，底物的变动，使瘤胃以发酵纤维素为主的菌群变为以淀粉分解菌和乳酸利用菌为主的菌群。菌群数量快速增多。菌群交替非常迅速，仅需 7~10 天，比萎缩的乳头状突起吸收面积恢复快 3~4 倍，这样，瘤胃发酵产生挥发性脂酸（VFA）的量远大于瘤胃吸收能力，导致瘤胃 VFA 累积和亚临床性瘤胃酸中毒，发生代谢紊乱，甚至引起产后酮病、蹄叶炎。

二、激素水平变化

由于围产阶段特殊的营养与生理状况（胎儿生长快速、分娩、乳腺发育和乳成分合成），导致奶牛内分泌急速变化，这些变化与泌乳性能激发高度相关。

为泌乳和初乳的合成，催产素浓度迅速上升；孕酮快速下降，分娩前一天孕酮浓度几乎降为零，见图 29；妊娠的最后一周，雌激素浓度显著上升，见图 30；肾上腺皮质激素产犊前 3 天升高 3 倍；前列腺素升高，在分娩时达峰值。胰岛素和胰高血糖素，产犊前后两者均下降。

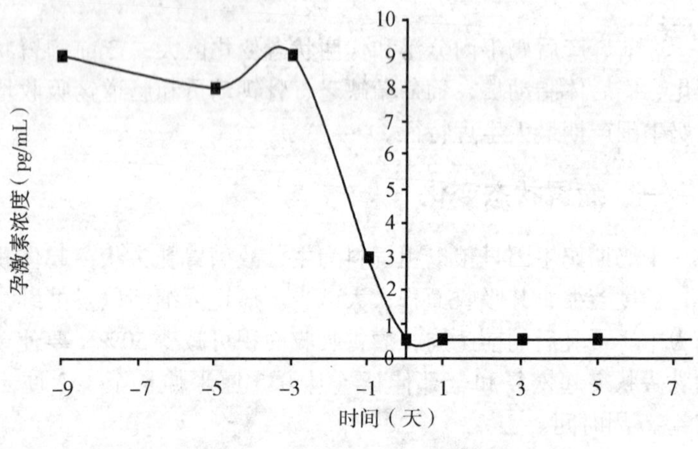

图 29　围产期血浆孕激素变化

三、能量代谢特点

1. 葡萄糖营养不足　葡萄糖是动物代谢活动快速应变、能量急

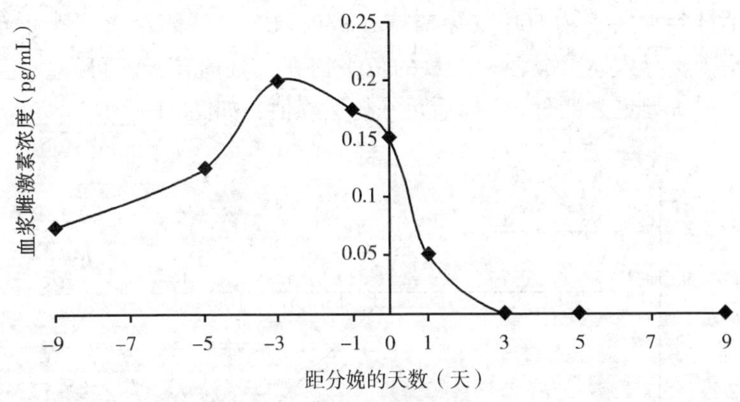

图 30　围产期血浆雌激素变化

需的最有效营养素，是胎儿生长发育和泌乳代谢的唯一能源。葡萄糖的来源有两个途径：一是从胃肠道吸收；二是体内生糖物质（乳酸、甘油、生糖氨基酸、丙酮酸、丙酸等）转化。单胃动物主要靠前者（外源性葡萄糖），反刍动物主要靠后者（内源性葡萄糖——糖异生）。反刍动物摄入的糖类大部分无法直接利用，靠瘤胃的微生物发酵生成挥发性脂肪酸（乙酸 50%~60%、丙酸 18%~20%、丁酸 12%~18%）等，丙酸进入三羧酸循环，通过糖异生作用转化为葡萄糖，奶牛体内大约 50%的葡萄糖靠丙酸异生提供。

围产期奶牛体内糖类主要用于妊娠后期胎儿生长发育、自身能量代谢的需要、产后乳汁中乳糖的合成。妊娠后期胎儿消耗的葡萄糖可占母体所产生葡萄糖的 46%，而泌乳高峰期泌乳消耗的葡萄糖则可占到 85%。

奶牛在分娩前 1 周到产后 2 周，采食量下降 20%~30%。干物质（DM）摄取量可以自干奶初期占体重的 2%下降到产犊前 7~10 天内的 1.4%，干物质摄取减少，生糖先质丙酸供应匮乏。

分娩后大量泌乳所需要的能量超过干物质摄取量（DMI）所能提供的能量，如生产 30 千克乳至少需要 2 千克血糖合成乳糖，估计每天缺乏约 500 克葡萄糖（Bell，1995）。能量出现严重负平衡，导致体重减轻。能量的负平衡在分娩前几天就可能发生，产后 1 周更为严重，2 周后负平衡达峰值，如图 31 所示。

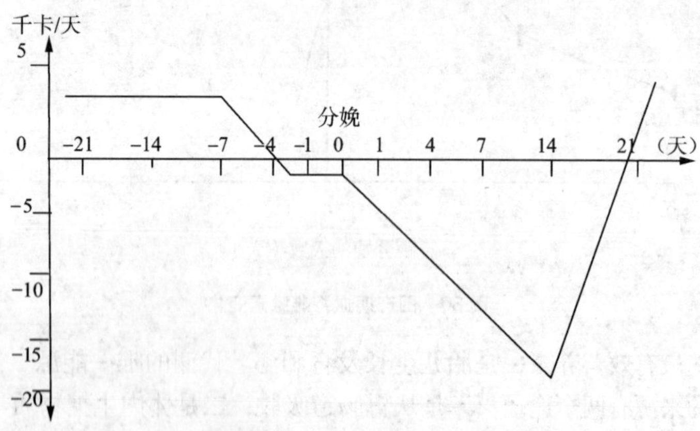

图 31　围产期能量负平衡

注：1 千卡 = 4180 焦。

2. 体脂肪动员　分娩后奶牛摄取的总能量少于对能量的正常需求，血中葡萄糖不足，必须动用脂肪组织中储存的甘油三酯来迅速为产奶和维持需要提供能量，从脂肪组织释放游离脂肪酸进入血液中，心脏输出血量占 1/3 进入肝脏，肝脏成比例地吸收血液中的游离脂肪酸。进肝的脂肪酸去路有三种：在肝脏细胞内，游离脂肪酸（NEFA）氧化为二氧化碳（CO_2），产生腺苷三磷酸（ATP）作为肝脏活动的能量需要；可重新转换为三酰甘油，三酰甘油积聚在肝脏造成脂肪肝；也可部分氧化为酮体（BHBA）和乙酰乙酸，酮体数量如果增加的严重时，可能引起酮症，如图 32 所示。

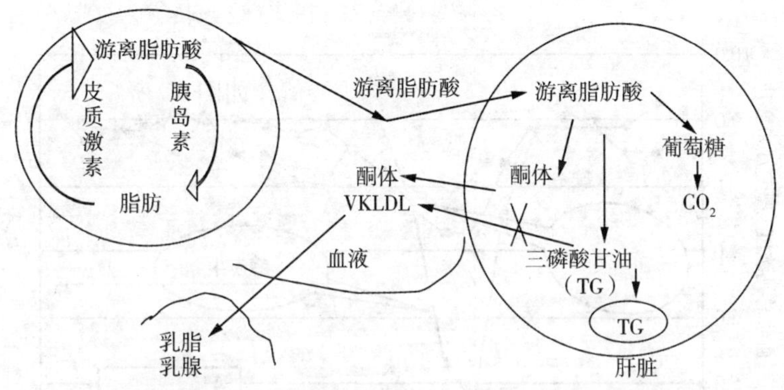

图 32　体脂动员、酮血、脂肪肝（VKLDL：极低密度蛋白）

四、血钙水平变化

大多数二胎或二胎以上的牛在产犊时都会发生暂时性的低血钙。牛乳富含钙离子，每千克初乳含钙 2.3 克，这需要从日粮中补充 4.0 克的钙。血钙用于泌乳的量每天超过 50 克。高产奶牛大量钙进入初乳，多量钙随初乳排出，使二胎或二胎以上的牛产犊时，血液钙离子浓度明显下降，在产犊后 12 ~ 24 小时血液钙离子浓度最低。奶牛正常血钙浓度一般为 2.24 ~ 3.05 毫摩尔/升，降至 2.20 毫摩尔/升时即为低血钙，低于 2.0 毫摩尔/升时为低血钙症，低于 1.5 毫摩尔/升时出现明显乳热。

奶牛围产期维持血钙稳定的调节由甲状旁腺素（PHT）和 1，25-羟胆固醇担当，高水平的 PHT 和 1，25-羟胆固醇刺激骨钙的动员和肠钙的吸收，如 1，25-羟胆固醇使钙的肠吸收增高近一倍。然而，这一调节机制难以迅速完全地补偿分娩后泌乳所导致的体内钙大量流失，血钙恢复至正常需要一个过程（48 小时）。所以，分娩后血钙都会出现短暂降低（图 33）。

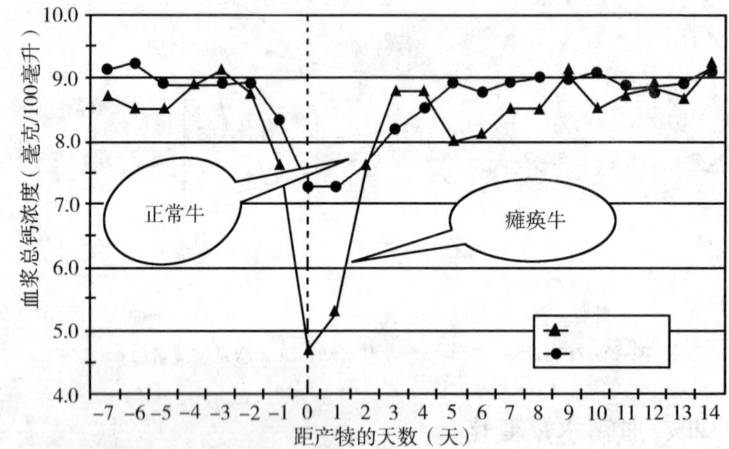

图 33　产后瘫痪牛和正常牛产犊后血浆总钙的变化

个别特异体质牛或因存在干扰，PHT 和 1，25-羟胆固醇调节机制不能快速启动，导致发生低血钙症。个别特异体质牛不能迅速启动钙调节机制的原因尚不清楚。

五、免疫与卵巢功能变化

由于围产期的特殊营养和特殊生理状况，导致奶牛内分泌的巨变和免疫抑制。能量负平衡引起的代谢紊乱、酮病和脂肪肝在一定程度上的出现，更加剧了免疫力的下降，包括嗜中性粒细胞吞食功能降低，淋巴细胞增殖的数量降低和分娩期间免疫球蛋白在血清中的下降。

分娩和泌乳启动带来的代谢负荷加重，可能引起维持免疫功能所必需的营养缺乏，这也能加剧免疫反应的抑制。如分娩时血浆维生素 A 和维生素 E 水平分别急剧下降 38%和 47%。这些养分缺乏可持续数周，尤其是高产奶牛。

奶牛卵巢上卵泡生长发育需 3~4 个月，要让奶牛在分娩后

80~100天妊娠，就需让卵泡在分娩前2~4周开始生长发育。卵泡生长发育主要受三个因子影响，即胰岛素样生长因子（ICF）、促卵泡激素（FSH）和促黄体生成素（LH）。ICF影响卵泡数目和对优势卵泡选择，且有调节FSH和LH的作用；FSH促中期卵泡发育，使卵泡内膜分泌雌激素，促使奶牛发情；LH促卵泡后期发育使卵泡发育至成熟。

ICF水平和胰岛素水平相关，胰岛素水平受体内代谢状况影响，产后奶牛能量负平衡，血糖低，导致胰岛素水平低下，ICF浓度也降低，进而引起FSH分泌减少，卵巢静止，使母牛不能发情配种。

第三节 奶牛围产期营养特点

以产前、产后2个月为围产期，而奶牛干乳期一般为60天，所以围产期与干乳期重合；产后2个月围产期又与奶牛产褥期和泌乳峰期重合。所以奶牛围产期营养特征分干乳前期、干乳后期、产褥期和泌乳峰期来论述。

一、奶牛体况调整

奶牛分娩前应把体况调至BCS（身体状况成绩）=3.5~3.75分，如图34所示，太瘦不好，但肥胖更坏。肥胖牛分娩后，食欲差，能量负平衡严重，代谢紊乱，免疫力低下，乳热、酮病、胎衣不下、乳腺炎、子宫炎和真胃变位发生率高，此称肥胖症候群。

体况调整要从泌乳后期开始，泌乳后期奶牛对日粮利用率为70%~75%；干乳期利用率为50%，比较经济。体况偏瘦时，可提高些营养浓度；偏肥时，可降低营养浓度。进入干乳期时使BCS达最佳值。

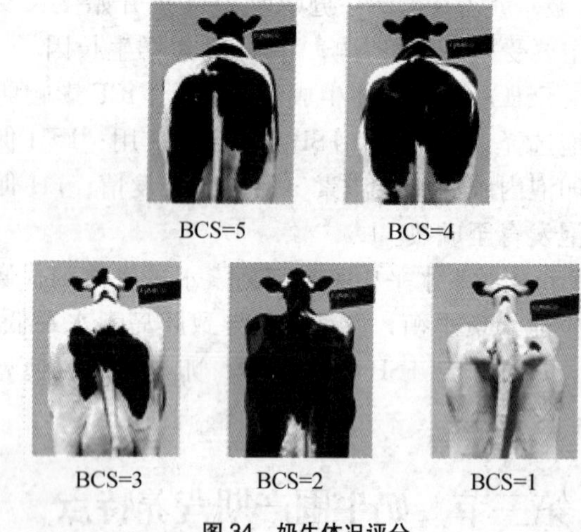

图 34　奶牛体况评分

二、干乳前期

干乳期又被称为牛的"假期"，乳泌后期体况未调整到位的，须继续调整。BCS>3.5~3.75 分，基本不喂精料；BCS<3.5~3.75 分，可适当饲喂些精料；把体况调整至 BCS=3.5~3.75 分，并把此基准体况维持至分娩。

本期要尽可能多地提供优质粗饲料，粗蛋白质 1.2%~1.3%，产奶净能 5.5 兆焦/千克，低钙、低钾，一定要保证矿物质和维生素的需要（每天每头，钙：60~80 克；磷：30~40 克；硒：6~8 毫克；维生素 E：600~1 000 单位）。

三、干乳后期（产前 15 天）

因胎儿的快速增长而压迫瘤胃，产犊前血浆雌激素水平上升，抑制食欲；妊娠后期至产后 2 天血浆中脑腓肽浓度增加，脑腓肽有阿片样活性，能抑制胃肠蠕动。所以，干物质摄取量在产

前一周可下降30%。而此期，胎儿发育快速，胎盘组织增大，乳腺恢复以及要为泌乳进行物质准备，所以，干乳后期奶牛的能量就会出现负平衡。

干乳后期奶牛干物质采食量（DMI）与泌乳期产奶量呈正相关，少采食1千克DM，日产奶量减少1.5千克。分娩时采食量大，分娩后的头4周采食量也较大。干乳后期采食量较大，可减少能量负平衡，减少体脂动用和肝脏的脂肪沉积。所以在干乳后期，设法增加奶牛采食量，提高日粮消化率，增强日粮适口性和采食时间，引入采食竞争，使其分娩时干物质采食量达到最大。

干乳后期，平衡的营养可为下一泌乳期高产打下坚实基础。为使瘤胃适应产后高精料饲喂，此期日粮中非结构性糖类（NCS）应为32%（也就是日喂2.5~3.5千克玉米）。这样，可使瘤胃微生物适应高精料，可刺激瘤胃上皮乳头增长，增大乳头面积，见表11。

表11　围产奶牛营养需求（干物质基础）

项目	产前3周	产后3周	项目	产前3周	产后3周
干物质采食量（千克）	>10	>15	硒（毫克/千克）	3	3
泌乳净能（兆卡/千克）	1.40~1.60	1.70~1.75	铜（毫克/千克）	15	20
CP（%）	14~16	18	钴（毫克/千克）	0.1	0.2
NDF（%）	>35	>30	锌（毫克/千克）	40	70
NFC（%）	>30	>35	锰（毫克/千克）	20	20
脂肪（%）	3~5	4~6	碘（毫克/千克）	0.6	0.6
钙（%）	0.4~0.6	0.8~1.0	维生素A（单位）	85 000	75 000
磷（%）	0.3~0.4	0.35~0.4	维生素D（单位）	30 000	30 000
镁（%）	0.40	0.30			

开始精料供给量可占体重的1%，慢慢再提高到占1.5%，与干乳前期相比精料要增加2.3~3.6千克，粗蛋白含量提高到

1.5%~1.6%，日粮能量达6.5兆焦/千克（相当于奶牛产20千克奶的能量需要水平）。要有30~40克的过瘤胃蛋白。这不仅对母牛重要，也可通过胎盘传给犊牛。要补充阴离子盐，日粮中去掉苜蓿草，日粮日提供钙80~100克，以维持血钙水平。

四、产褥期和泌乳峰期

分娩后机体较弱，抗病力低；胃肠未复位，消化力弱；子宫未还原，乳房水肿。此时最易引发营养成分缺乏，需特别注意监控易发的几种代谢病，其饲养管理要点如下。

对高产牛，产后立即用氯化钙100克、硫酸钙50克、丙二醇500克、中药益母生化散600克温水20升混合一次灌服，补水、补钙、补糖，促进子宫复旧，恶露排出。也可立即注射15%葡萄糖酸钙500毫升替代口服补钙。

产后4~5天乳房中奶不可挤干，特别是高产牛，以防出现血钙过低。体弱牛产后3天，只喂优质干草，4~5天后再喂精料和多汁饲料，乳房水肿消失后再转入正常饲喂。

产后，母牛食量增加缓慢，第1周仅为最大采食量的65%，9~13周采食量才达峰值，图35。而泌乳量上升很快，4周可达峰值，所以，产后能量负平衡十分严重，分娩后2周能量负平衡达最大。

产后，奶牛体况下降1分，相当于体重下降55~61千克。所以，要让牛尽快提高采食量，使干物质摄取峰值尽早到来。精料不要增加太快，每天每头以增0.5~0.75千克为适宜。优质干草不要低于DMI的40%，精粗料比不要超过65∶35。要饲喂高能粗饲料（苜蓿 < 30%ADF，玉米青贮 < 25%ADF）和高能精料（>8.12兆焦/千克）。

干物质摄取量（DMI）中，可加0.8%$NaHCO_3$和0.5%MgO，以调节瘤胃pH值，防止酸中毒。

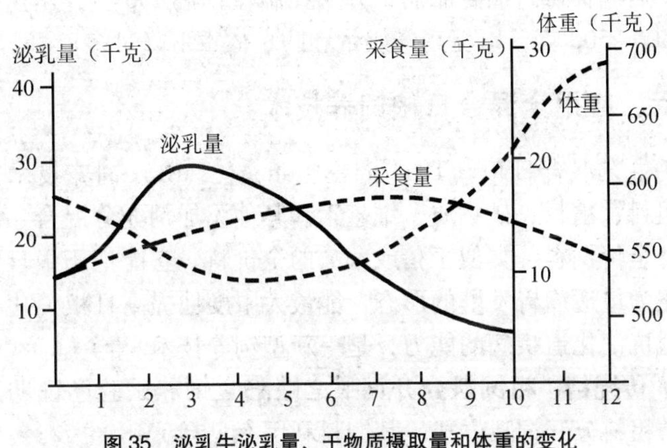

图 35 泌乳牛泌乳量、干物质摄取量和体重的变化

日喂 12 克烟酸以提高瘤胃微生物蛋白合成速度，高产牛持续加至 10~12 周。

日喂 0.15 千克丙酸钙或 0.23 千克丙二醇，以提高血糖浓度，降低酮中毒。

五、加喂过瘤胃脂肪和过瘤胃蛋白

将脂肪或蛋白质以某种方式保护起来，使其在瘤胃不被降解，到四胃和肠道再进行消化吸收利用，这种加工处理的脂肪或蛋白称过瘤胃脂肪或过瘤胃蛋白。高产奶牛，每天消耗大量的乳糖和乳蛋白，日需采食大量高营养精料，瘤胃负担很重，精料量超过瘤胃生理功能，会引起瘤胃酸中毒。为了满足峰期泌乳对能量和蛋白质的需要，又不加重瘤胃负担，就出现了高产奶牛在泌乳峰期，加喂过瘤胃蛋白和脂肪的饲喂技术。其脂肪和蛋白的保护方法有甲醛保护法、单宁保护法、血包被法等。如 0.3% 比例的甲醛与蛋白质饲料混合，密封 15 天即可饲喂。再如用 30% 鲜血包被豆粕，蒸后烘干使用。

产后应提供过瘤胃脂肪，开始控制在日喂200克，出产房后增至400~500克，以提高产奶量和防止体重下降过多。

六、应用全混合日粮饲养技术

奶牛全混合日粮（Total mixed ration，TMR）饲养技术是一种将粗料、精料、矿物质、维生素和其他添加剂充分混合，配制成一种全价饲料，类似于猪或家禽的全价料。它能把奶牛日粮形态转化为最适瘤胃发酵的形态，能最大限度地提高日粮消化率和奶牛抵抗消化道疾病的能力，是一新型饲养技术。

1. 传统精、粗饲料分开饲喂之缺陷 饲养试验已证明，传统精、粗料分开饲喂方式，其饲料利用率只有TMR的2/3。传统方式，由于各种饲料的适口性不同，常导致总的干物质摄取量不足，使奶牛生产性能不能充分发挥。

精、粗料分开饲喂，奶牛难以提高干物质摄取量，不易保证采食的精、粗料比适宜和稳定，进而影响瘤胃内微生物的生长和活力。

精、粗饲料分开，由于奶牛短时间内摄入大量的精料，很易打乱瘤胃内营养物质消化代谢的动态平衡，引起消化代谢紊乱。

2. 全混合日粮之优越性 全混合日粮各组分按比例均匀地混合在一起，奶牛每次摄入的全混合日粮干物质中，含有营养均衡且精、粗饲料比适宜的养分，使瘤胃内可利用糖类与蛋白质的分解、利用更趋于同步；同时又可防止奶牛在短时间内因过量采食精饲料而引起瘤胃内pH值的突然下降，并能维持瘤胃微生物的数量、活力及瘤胃内环境的相对稳定，使消化代谢疾病减少。

高产奶牛必须保证精饲料的足量采食，有时为使其保持高产，每天每头奶牛必须喂给15千克以上的精料。TMR避免了高产奶牛短时间内摄入大量的精料，减少了因消化系统紊乱而导致的酸中毒。

在不降低高产奶牛生产性能（产奶量及乳脂率）的前提下，TMR 中纤维水平可较精、粗饲料分饲法中纤维水平适当降低。这就允许泌乳高峰期的奶牛在不降低其乳脂率的前提下采食更高能量浓度的日粮，以减少体重下降的幅度，最大限度地维持奶牛的体况。

在切短的粗饲料和精料均匀混合的过程中，使饲料在物理空间产生了互补，从而提高了干物质的采食量；搅拌机的充分搅拌，使其呈匀质状态，也改善了饲料适口性。

3. 科学使用 TMR 饲喂法，提高饲喂效果　大型奶场一般按奶牛泌乳阶段分群，如按泌乳早期、泌乳中期、泌乳后期和干乳期分群。产后 70 天以内的牛为泌乳早期组，此期日粮精料较多；产后 70～140 天为泌乳中期组，按平均奶产量和平均体重配料；产后 140 天至干乳期为泌乳后期组，干乳期又分为前期和后期组，都按营养需要配料。小型奶牛场，可按产奶量分为高产、低产和干乳组。

新鲜 TMR 中含水量（饲料原料自身的水量和添加的水量）要保持 45%～50%，夏天取上限，冬天取下限。含水量高则牛干物质采食减少，含水量低易导致牛挑食。

TMR 原料的切割长度要适宜，过长，则日粮搅拌不匀，使得奶牛挑食；过短，影响有效纤维含量的摄入。如稻草适宜的切割长度为 1～1.5 厘米。

要注意 TMR 中原料的搭配，如含水量高的青贮饲料，要搭配足够量青干草，促进其反刍咀嚼，提高瘤胃缓冲能力，以维持瘤胃 pH 值稳定。

TMR 的配制要求所有原料均匀混合，青贮饲料、青绿饲料、干草需要专用机械设备进行切短或揉碎。为了保证日粮营养平衡，要求配备性能良好的混合和计量设备。

第五章　围产期奶牛常发病

第一节　瘤胃酸中毒

奶牛瘤胃酸中毒是由于大量采食高能糖类，瘤胃内急剧产生大量乳酸，致使瘤胃乳酸蓄积、pH 值下降而引起的一种全身代谢紊乱疾病。它分临床型和亚临床型。

一、发病机理

奶牛瘤胃内环境的恒常是通过瘤胃内微生物发酵、唾液分泌和瘤胃运动等多种生理功能的协调而维持的。在瘤胃这一巨大发酵池内，进行着挥发性脂肪酸（乙酸、丙酮酸、丁酸）的生成、氨化合物的分解和再合成、不饱和脂肪酸的饱和化等独特的代谢。饲料中的糖类，在瘤胃微生物作用下转变成低级脂肪酸，被瘤胃吸收，奶牛能量的70%是由 VFA 提供。

高产奶牛分娩后，为泌乳需求，高能糖类饲料摄取量快速增多，瘤胃内微生物群必发生一连串的显著变化。干乳期以粗饲料为主，瘤胃内优势菌群为纤维素分解菌（G^-菌），由于突然采食大量精料，以乳酸为主的球菌（G^+菌）迅速成为优势菌群，pH 值急速下降。若 pH 值降至 5.0 以下，乳酸生成菌会急骤增多，乳酸生成增加。伴随菌群变迁，瘤胃 pH 值下降，挥发性脂肪酸

也发生变化，乳酸快速上升，乳酸增多引起瘤胃渗透压升高，血液浓缩，血中 HCO_3^- 因中和血液中瘤胃吸收来的酸而被大量消耗，血液中 pH 值下降，引发酸中毒。

当瘤胃 pH 值降至 5.0 左右，引起瘤胃运动抑制，唾液分泌减少。瘤胃运动被抑制，胃内容物不能后送瓣胃；唾液分泌减少，中和胃酸能力减弱，pH 值进一步低下。结果，强酸性内容物就长时间滞留于瘤胃，引起瘤胃黏膜上皮角化不全。由于黏膜上皮脆弱角化不全引起瘤胃炎，瘤胃黏膜上皮绒毛（乳头）发生脱落，黏膜出现损伤，细菌易从伤口侵入，进入门静脉血流形成肝脓肿，最终导致酸中毒—黏膜角化不全—瘤胃炎—肝脓肿症候群。

也有报道称，瘤胃酸中毒与内毒素和组织胺相关，瘤胃内组织胺的吸收不仅使全身组织胺含量上升，还可加重由乳酸中毒引起的瘤胃上皮细胞的损伤，使酸中毒更加恶化。

二、临床症状

1. 急性型

（1）发病较急者，无明显症状，常于采食后 3~5 小时突然死亡。

（2）发病缓慢者，精神沉郁，食欲停止，瘤胃弛缓，步态不稳，肌肉震颤，瘫痪卧地。后期体温低于正常，脉搏、呼吸加快，眼结膜发绀，眼窝下陷，呻吟，磨牙，昏迷，尿液呈酸性。

2. 亚临床型　无明显临床症状，但采食量下降，反刍迟缓，咀嚼时间变短（正常为 6~8 小时/天），咀嚼次数减少，牛群中粪便有的干，有的稀，尿液 pH 值降低，乳脂率降低。

三、预防

1. 合理调配饲料

（1）饲料原料要多样化，最好饲喂全混合日粮（TMR）。进入瘤胃的精料发酵时间不同，可溶性糖是12~25分钟，淀粉是1.2~5.1小时，半纤维素是8~25小时，纤维素是1~4天。同是淀粉也不一样，如小麦淀粉降解率是每小时34%，而马铃薯为5%。全混合日粮是把多种饲料原料混合均匀，使其不能挑食，这就能避免短时间内采食大量精料，引起乳酸在瘤胃大量蓄积。

（2）增加日粮中的有效中性洗涤纤维（eNDF）。中性洗涤纤维包括半纤维素、纤维素和一些木质素；纤维素有一定硬度，可促进瘤胃运动和对挥发性脂肪酸的吸收；eNDF可促进唾液分泌，唾液中含大量碱性物质，可中和瘤胃中过多的酸性物质。

2. 日粮添加缓冲剂 常用的缓冲剂有碳酸氢钠、氧化镁和碳酸钙。它们能中和瘤胃中有机酸，可提高瘤胃胃液流速，阻止有机酸在瘤胃中聚集。为缓解酸中毒，奶牛此时喜食含碳酸氢钠的饲料，但非临床型酸中毒奶牛不会主动选择，所以必须在饲料中添加。日粮中建议添加量为2%碳酸氢钠、0.8%氧化镁（按混合料量计）。

3. 调控瘤胃微生物区系 瘤胃中乳酸的产生和利用是否平衡，决定瘤胃中乳酸是否积蓄。大量研究表明，日粮中添加载体类抗生素（如莫能霉素、泰乐菌素）、有机酸（苹果酸、富马酸）能调控瘤胃微生物区系，可有效抑制瘤胃酸中毒发生。载体类抗生素能破坏乳酸产生菌细胞内离子平衡和跨膜运动，降低乳酸生成。大量研究表明，富马酸、苹果酸、L-天门冬氨酸等有机酸可促进乳酸利用菌——反刍兽新月单胞菌生长，并提供前体，促进其对乳酸的利用。

四、治疗

治疗原则：排出瘤胃内容物，补充体液，缓解酸中毒。

1. 洗胃 生石灰1千克加水5千克，搅匀，用上清液洗胃，直至胃液呈碱性。

2. 补碱　静脉注射5%葡萄糖生理盐水3 000~5 000毫升，5%碳酸氢钠500~1 000毫升；安钠咖20毫升。

3. 内服泻剂　如液状石蜡1 000毫升，一次内服。

4. 防继发感染　可用抗生素。

5. 手术　必要时可手术治疗。

第二节　酮　病

奶牛酮病是高产奶牛产后因糖类和挥发性脂肪酸代谢紊乱引起的一种全身功能失调疾病。以酮体（乙酰乙酸、β-羟丁酸、丙酮）升高，特别是β-羟丁酸升高为主征。产后10~30天，发病率最高，各胎次均可发生，但以3~6胎发生最多，在我国死亡率为15%~30%，日本达43.1%以上，严重威胁着奶牛业发展。现就其病因简述如下。

一、发病机制

酮病发生的主要原因是血糖低引起的机体糖和脂肪代谢紊乱。在糖和脂肪代谢过程中，草酰乙酸起重要作用，所以，此病主因也可以说是草酰乙酸缺乏。乳糖和乳蛋白是牛乳重要成分，葡萄糖是合成乳糖、乳蛋白的主要原料。生成1升含4.8%乳糖的牛奶，需消耗50克葡萄糖，生成1升含乳蛋白4%的牛奶需消耗30克葡萄糖。

产乳所需葡萄糖有两种来源，即从饲料中获取和动员储备。泌乳初期牛采食量少，两个月才达最高，而泌乳量上升很快，一个月达峰值。日产乳45千克高产牛，每天要耗体脂2千克，耗体蛋白350克。所以，泌乳初期奶牛能量处于严重负平衡。

产乳耗去大量葡萄糖，为维持血糖稳定，奶牛动员体脂、体蛋白。这必引起血液中游离脂肪酸增多，酮体升高，三酰甘油减少等一系列变化。如长期处于能量严重负平衡，机体内环境被搅乱，引起体内酮体蓄积。其酮体生成增多原因如下：反刍动物所需的葡萄糖，直接从日粮中摄取的很少，主要是通过瘤胃微生物酵解糖类产生的挥发性脂肪酸（乙酸、丙酸和丁酸），生成糖类，其中丙酸是主要的生糖物质，在肝脏和肾皮质经糖原异生为糖。然而，在瘤胃生成的短链脂肪酸中丙酸仅占20%，且必须有维生素 B_{12} 参与才能成糖。其他短链脂肪酸如乙酸、丁酸不能生成糖，只能转化为乙酰 CoA。

乙酰 CoA 去路有三种：在草酰乙酸充足情况下，乙酰 CoA 与草酰乙酸结合，生成柠檬酸进入三羧循环（CTA），提供能量；以葡萄糖代谢为条件，缩合为脂肪；在草酰乙酸缺乏情况下则转化为酮体（乙酰乙酸、β-羟丁酸），如图 36 所示。

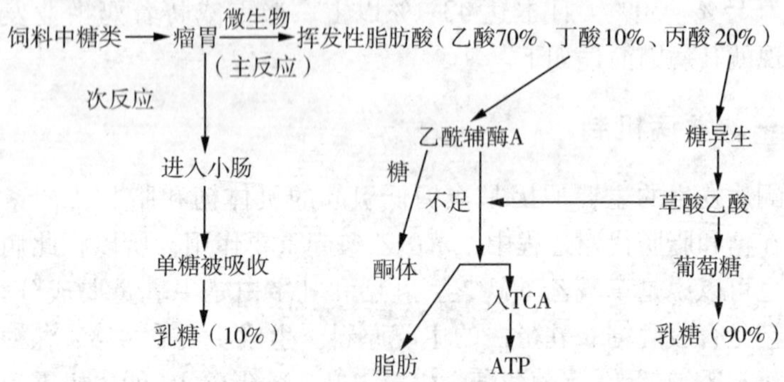

图 36　糖类在体内的代谢

草酰乙酸是糖代谢中间产物，在葡萄糖缺乏情况下，草酰乙酸主用于糖异生。因而，乙酸、丁酸在机体葡萄糖缺乏状况下，无法进入三羧循环，主要是生成酮体堆积体内。

机体内葡萄糖生成一旦不足，就出现低血糖。为维持血糖稳定，必须动员体脂产生大量游离脂肪酸。在健康情况下，在肝脏，脂肪酸与甘油形成三酰甘油，以极低密度脂蛋白形式搬运出

肝脏，供组织利用。若机体能量或蛋白质缺乏，极低密度脂蛋白合成不足，脂肪酸无法运出肝脏，就以三酰甘油小颗粒形式积存于肝细胞，肝细胞脂肪变性，形成脂肪肝，使肝脏脂肪代谢功能大大降低。肝细胞脂肪变性后，降低了脂肪组织清除血清中极低密度脂蛋白能力，使血浆中极低密度脂蛋白含量升高，妨碍了极低密度脂蛋白从肝脏退出。

脂肪酸最终被氧化为乙酰 CoA，在葡萄糖缺乏、草酰乙酸不足状态下，乙酰 CoA 无法进入三羧循环，而是在肝脏又两两缩合成乙酰乙酰 CoA，再转变为乙酰乙酸，乙酰乙酸还原生成 β-羟丁酸，少量脱羧生成丙酮，堆积于体内。

动用体脂的同时，体蛋白也被动用，蛋白质分解成的氨基酸有成糖的，也有成酮的。成糖氨基酸经糖原异生转化成草酰乙酸，与源于脂肪代谢产生的乙酰 CoA 结合成柠檬酸进入三羧循环；生酮氨基酸分解后，产生酮体。

产后催乳素水平升高，不断促使乳腺组织合成乳汁。泌乳量增加，乳糖需求量增大，必然导致循环血糖减少，这又促使高血糖素分泌增多，胰岛素分泌减少，肾上腺素分泌增加，这些变化促使奶牛不断地动员体脂，使循环血中酮体上升。

酮病主要引起高血酮、乳酮、尿酮，低血糖，血清游离脂肪增多。血糖可降至 200~400 毫克/升（正常为 500 毫克/升）；血酮升至 100 毫克/升以上（正常为 6~60 毫克/升），酮体在 200 毫克/升以上时呈现临床型酮病，酮体在 100~200 毫克/升呈现亚临床型酮病。

酮体在肝脏使肝细胞中毒、变性、坏死；经肾脏排出刺激肾小球、肾小管，引起肾小管上皮细胞变性、脱落。

酮体可转变成异丙醇进入脑实质，刺激神经，神经髓鞘发生炎症，神经胶质细胞侵入变性神经细胞内，形成噬神经细胞现象，使患牛出现神经异常。

毒物破坏血管上皮，引发脏器出血。

β-羟丁酸影响白细胞趋化性，降低巨噬细胞吞食功能，使患牛抗病低下，这又易导致乳腺炎和子宫炎发生。

酮病引起的最初环节是低血糖，动物血糖降低必产生饥饿感，但患酮病低血糖病牛为什么无食欲，无饥饿感？奶牛体储备一般是充足的，调节功能也是很强的，完全有能力保证血糖稳定，而有些个体为什么调节功能不能很快启动，保证血糖稳定呢？在营养缺乏情况下，牛为什么不能自我调节，降低催乳素分泌，减少产乳量，以缓解营养物质的不足？这些问题还不太清楚，有待进一步探讨。

二、临床症状

亚临床型仅见低血糖、高血酮，产奶下降。

临床型又分消化型、神经型和瘫痪型。

1. 消化型　为本病主型，发生率最高，患牛反刍停止，瘤胃蠕动减弱或消失，瘤胃鼓胀，后变空虚。迅速消瘦，初期轻度便秘，后期拉稀，肝大，肝区有压痛，呼出气体有酮臭味，体温正常或降低。

2. 神经型　会兴奋、吼叫、转舌，视力丧失，感觉过敏。有时兴奋与沉郁交替出现，发作时患牛兴奋，顶人、撞墙、空嚼、流涎，眼球震颤突出，并现凶视。发作持续时间一般为1~2小时，经8~12小时后，再次复发。

3. 瘫痪型　多与生产瘫痪并发，症状与生产瘫痪相似，常常卧地不起，脊椎骨呈“S”形弯曲，头部常置于肘部等，肌肉震颤痉挛，对刺激过敏。按生产瘫痪症状治疗无效者，可疑为本病。

三、治疗措施

首先根据病因调整饲料配方，增加粗纤维含量高的饲料及优

质牧草。在临床上采用药物治疗和减少挤奶次数结合的方法，效果良好。

酮病的治疗原则是升糖、降酮、强心、补钙。升糖，提高血糖浓度；降酮，促进酮体的利用，解毒、保肝，健胃，减少脂肪动员；强心、补钙，增强机体抗病力。主要治疗方法如下：

1. 替代疗法　静脉注射50%葡萄糖溶液500~1000毫升，每天1~2次，连用5~10天，以提高血糖浓度。为增加体内生糖物质的来源，可每天口服120~240克丙酸钠，连用7~10天；丙二醇每天2次，每次500克，持续2天后减半，再喂10天。

2. 激素疗法

（1）肌肉注射100~150单位的胰岛素，可以增加肝糖原的储备。

（2）对于体质较好的病牛，可肌内注射200~600单位的促肾上腺皮质激素（ACTH），既可动员组织蛋白的糖原异生作用，又可维持血糖浓度的作用时间。

（3）肌内注射糖皮质激素（剂量相当于1克可的松），注射后8~10小时血糖即可恢复正常，且食欲有很好改善，血液中酮体水平在3~5天内恢复正常；尽管应用初期产奶量下降，但治疗2~3天后会迅速升高，治疗效果良好。

3. 镇静安神　对于神经型酮病，可应用水合氯醛口服，首次剂量体重500千克牛30克，继之再给予7克，每天2次，连用7天；既可降低兴奋性，又可破坏瘤胃中的淀粉，刺激葡萄糖的产生和吸收，并通过瘤胃发酵而提高丙酸的产生。为了缓解神经症状，可用10%葡萄糖酸钙溶液200~300毫升静脉注射。

4. 其他疗法　为了防止酸中毒，可用5%碳酸氢钠500~1 000毫升静脉注射。此外，每天补充100毫克硫酸钴用于辅助治疗酮病。为了增强前胃消化功能、增进食欲，可以静脉注射促反刍液（10%氯化钠溶液500毫升，10%葡萄糖酸钙100~150毫升，10%安钠咖30毫升，维生素B_1注射液30毫升，1次静脉注射）；也可应用中药方剂增进食欲：当归、川芎、赤芍、熟地黄、益母草各30克，木香、砂仁、神曲、麦芽各35克，打粉，开水冲调，灌服，每天1剂，连服3~5次，可增进食欲，加速病愈。

四、预防措施

酮病的发生原因比较复杂，在生产中应采取综合预防措施才能收到良好的效果。

（1）注意干奶期饲养管理：干奶期奶牛饲养重点是防止过肥，减少精料喂量，精料中蛋白含量不宜过高，一般不超过16%，要降低脂肪类饲料的喂量，青干草可随意采食，尽量多吃。产前过于肥胖，产后易发生乳热、酮病、脂肪肝、胎衣停滞等疾病，也有人把此称为产后肥胖症候群。

（2）供应平衡日粮：精、粗饲料要合理搭配，按干物质精、粗料比以3∶7为宜。其中精料中粗蛋白含量以不超过18%为宜，糖类以磨碎的玉米为好。不要随意更换饲料配方，消除各种应激因素。此外，饲料中注意碘、钴、磷等矿物质的补充。

（3）在酮病的高发期喂服丙酸钠，每次100克，每天2次，连用15天。

（4）在日粮中添加3%~5%的过瘤胃脂质，可以提供较高的血糖水平。

（5）日粮中每天添加3~6克烟酸，可以有效降低血中β-羟丁酸水平，可以影响瘤胃的代谢并增加丙酸水平。

第三节　乳　热

多数学者把临床上使用1~2次钙剂可以恢复的产后不能站立称乳热，把不能恢复的称爬卧母牛综合征。乳热是奶牛最常发

生的一种代谢病，特征是低血钙，全身肌肉无力，进行性不全麻痹或昏睡，若不及时治疗可导致死亡。爬卧母牛综合征通常发生在低血钙性轻瘫痪之后，长期卧地，钙治疗无效，病因还不明确，一些学者认为与低血钾、低血镁有关，一些学者认为是低钙性产后瘫痪并发症。

乳热分临床型和亚临床型，亚临床型低血钙牛不出现躺卧不起，没有可见的临床症状，但因为钙对肌肉和神经功能维持十分重要，钙离子是骨骼肌和胃肠道运动的重要因子，钙一缺乏对新产奶牛能引发图 37 所示的一系列问题。

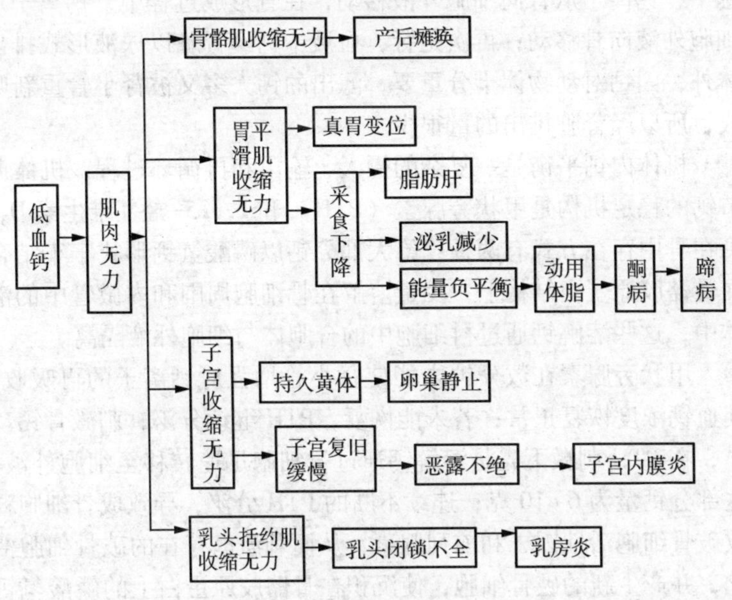

图 37　低血钙引起的并发症

乳热恢复牛与未患乳热牛相比，酮病和乳腺炎（特别是大肠杆菌性乳腺炎）的发病率高 8 倍，乳热使难产、胎衣不下、子宫脱垂及皱胃变位的发病率大幅升高，乳热使乳牛的平均生产年龄

下降 3~4 岁，产奶量减少 14%，与血钙正常牛相比，亚临床低血钙牛每年每头少产奶 385 千克。研究表明，每年 2/3 经产牛患有不同程度的亚临床乳热，经济损失十分惨重。

一、乳热发病机制

含钙饲料进入动物胃肠后，钙主要在小肠吸收，未被吸收的钙随粪便排出。被吸收的钙进入肝脏后停些时间就随血液循环达全身组织器官。钙在体内去向有三种：首先，进入奶中；其次，进入骨中，在骨内存在骨的吸收和骨的形成两个过程，在吸收过程中，钙离子从骨向细胞外液移动，在骨形成过程中，钙离子从细胞外液向骨移动；再次是肾，血液中钙经肾脏以尿液形式排出体外，因钙对动物体十分重要，滤出的钙大多又被肾小管重新吸收，所以经肾脏排出的量很少。

机体内钙平衡是一复杂的摄入、输出和再循环过程，机体调节钙的稳定机构是甲状旁腺素（PTH）和 1，25-羟基维生素 D_3。钙在骨中存在方式有两种：绝大部分钙以磷酸氢钙形式牢牢结合在骨骼胶原蛋白结构上；少量溶解在骨细胞周围和内微管中的液体中，这些溶解钙通过衬细胞中的合胞体与细胞外液隔离。

甲状旁腺素在数分钟内能使肾小管增强对钙离子的再吸收，使血钙浓度恢复正常；若未能恢复，PTH 继续分泌，刺激骨钙动员，在 PTH 刺激下先是溶解钙通过衬细胞迅速转移至细胞外液，这部分钙量为 6~10 克；连续不断的 PTH 分泌，导致成骨细胞释放破骨细胞活性因子和前列腺素，从而刺激已存在的破骨细胞活化，并产生新的破骨细胞，使沉积在骨骼胶原蛋白上的磷酸氢钙被溶解，进入细胞外液。

1，25-羟基维生素 D_3 源于牧草中的维生素 D_2 和维生素 D_3，在紫外线照射下动物皮肤也能合成维生素 D_3。维生素 D 被搬运至肝脏，在肝细胞微粒体酶催化下转化为 25-羟基维生素 D，25-羟

基维生素 D 进入血液循环达肾脏，肾细胞线粒体脱氢酶再把其转化为 1，25-(OH)$_2$ 维生素 D_3。1，25-(OH)$_2$ 维生素 D_3 能诱导肠上皮细胞合成钙结合蛋白，钙结合蛋白携带钙离子穿过小肠上皮细胞，一旦钙被搬运至细胞基底膜位置，通过钙镁 ATP 转运泵逆着 1 000 倍浓度梯度把钙释放到细胞外液。1，25-(OH)$_2$ 维生素 D_3 诱导肠的主动吸收，使肠钙的吸收由基础吸收率的 10%~15%升高到 40%~60%。牛分娩后突然产生大量乳汁，乳中特别是初乳中含钙量很高，如 1 升初乳中含 2.3 克钙（常乳含 1.3 克），一次挤初乳 10 升的牛就失去 23 克钙，这相当于一头成年牛血钙储量的 10 倍多（牛血钙总量为 1.5~2.0 克）。在干乳阶段奶牛的钙需求小，胎儿生长和内源钙的粪便损失每天每头 8~12 克，泌乳牛泌乳需要钙每天 33 克以上，血中的全部钙，在 1~5小时可用尽。因大量钙从乳中丢失，几乎所有奶牛在分娩的第一天都见低血钙（图 38）。

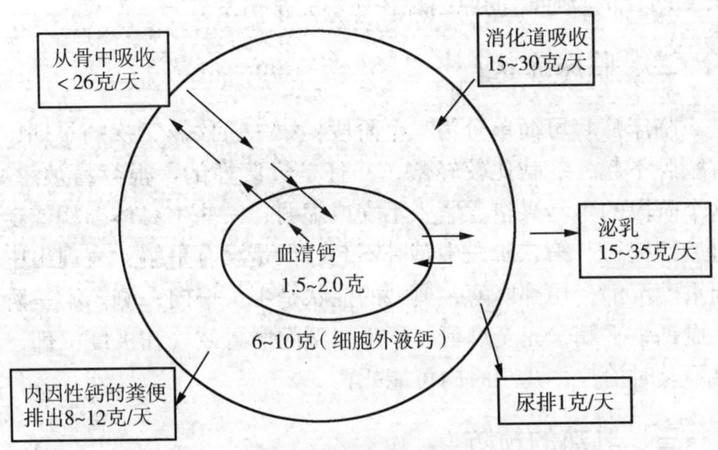

图 38 泌乳牛血清及组织液间的钙交换（Moodie，1960）

另一方面，牛本身也在积极进行着钙的泌乳期适应，此适应需48小时，牛年龄越小适应时间越短，反之越长。此适应过程是随低血钙症的出现引起的PTH和1，25-(OH)$_2$维生素D$_3$血浆浓度的剧增开始的。肾脏排泄抑制几乎是马上开始，但肾脏的排泄量每天在1克以下，在细胞外液钙的补充上意义不大。青年母牛和多数母牛，肠的钙吸收和骨的钙动员的基础率（非激素刺激）很旺盛，到肠和骨的激素性钙供给活化的48小时内，可预防重度的低血钙发生。易患乳热牛的基础率低，这与年龄也有关系，动物衰老时，饲料中的钙看不到因钙应激的吸收率增加，可能是因为伴随年龄增加肠的1，25-(OH)$_2$维生素D$_3$受体减少的原因。骨的成长和再建也随年龄增加而减弱，使骨中可动员的钙减少，对PTH起反应的破骨细胞变少，维持钙的恒常性反应推迟。

分娩前饲喂同样饲料，分娩后患与不患乳热的牛，1，25-(OH)$_2$维生素D$_3$、PTH及降钙素的循环浓度用放射性同位素测定结果看不到差异，乳热患牛的组织对1，25-(OH)$_2$维生素D$_3$、PTH的反应迟的原因现在还不完全清楚。

二、临床症状

临床症状可简单分为三个阶段：第一阶段属于疾病早期，没有躺卧不起，症状比较轻微，并且是过渡性的，很容易被忽略。这个阶段的牛易兴奋、紧张不安或虚弱，一些牛身体摇摆或走路时后蹄拖行。第二阶段牛躺卧不起，但是没有平躺，表现出中度到重度沉郁，局部麻痹，典型的症状是牛头偏向一侧。第三阶段低血钙牛平躺，完全麻痹，发生典型的瘤胃鼓气和极度沉郁，如果不及时治疗，几小时内可能死亡。

三、乳热的预防

牛群中经过3~4个泌乳期的牛，乳热发生率若超过10%，就应考虑建立乳热预防计划。其预防措施如下：

1. 限钙日粮　传统预防产后瘫痪的方法是干奶期限制日粮钙浓度，产前15～21天，把日粮含钙量由干物质的0.6%降到0.2%的低水平（<20克/天），产后再使用高钙日粮，同时配合补给一定量维生素D每头每天3 000万单位，连用3~5天，不可超过7天，因投予时间一长，易出现转移钙化灶。日粮中要把苜蓿等豆科牧草去掉，因豆科牧草含钙高达1.2%，用禾本科干草取代。这可以大幅地降低产后瘫痪发生。产犊前食低钙日粮，虽然肠道吸收的钙有所减少，但激活了机体钙动员机制，保证产犊钙突然流失时，钙动员机制处于活化状态。

有发生乳热危险的牛，产犊前后至少需2次口服补钙，第1次是在马上分娩或产犊后，第2次在产后第2天再补1次。产犊后血钙浓度的最低点发生在12～24小时，产犊前后各口服一次会使牛在血钙最低的时候有充足的钙源补给。

2. 阴离子日粮——酸化日粮

（1）预防乳热机制：阴离子日粮能使奶牛出现轻度代偿性酸中毒，长时间的代谢性酸中毒可增加尿液钙排泄，造成体内钙存留时间缩短，通过反馈机制，引起1，25-（OH）$_2$ 维生素 D_3 和PTH的合成和分泌增加，进而使肠的钙吸收能力增强和骨钙动员被活化，也就是在产前建立起好的钙动员机制。

（2）配制注意：奶牛正常日粮正负离子差（DCAD）为正值，如泌乳初期DCAD为400毫克当量/千克干物质，泌乳中期为275~400毫克当量/千克干物质，犊牛为370毫克当量/千克干物质。然而，分娩前喂这样的日粮，与阴离子日粮相比，奶牛乳热发生率要高5.1倍。

阴离子日粮，是正负离子差为负、适宜差值是每千克干物质-200～-100毫克当量。配制阴离子日粮要注意以下几个方面：①阴离子日粮味苦涩，影响适口性，差值达-300毫克当量/千克干物质时，适口性会大大降低，所以不能超过此值；配制日粮所用原料的正负离子差值最好是负值，如酒糟、大麦等。②不可用含 K^+ 多、正负离子差大于 250 毫克当量/千克干物质的牧草为原料，否则，配不成适宜的阴离子日粮。

（3）配制方法：

a. 首先掌握饲料原料中钾、钠、硫、氯元素等矿物质含量（可从中国饲料数据库查找或进行饲料原料分析测定）。如酒糟含钠 0.1%，钾 0.18%，氯 0.08%，硫 0.46%。

b. 计算公式有两个：

$DCAB = Na^+ + K^+ - Cl^- = Na\%/0.0023 + K\%/0.0039 - Cl\%/0.00355$（mEq/kgDM）。

DCAD（毫克当量/千克）= $(Na^+ + K^+) - (Cl^- + S^{2-})$ = $(Na\%/0.0023 + K\%/0.0039) - (Cl\%/0.00355 + S\%/0.0016)$。

饲料原料中含的阴阳离子种类很多，其中 Na^+、K^+、Cl^- 最为主要，其次为 Mg^{2+}、S^{2-}，只能选用主要的，所以计算时有只用 Na^+、K^+、Cl^-，有时再加上 S^{2-}，当然，加 S^{2-} 更准确些。如酒糟的正负离子差值（DCAD）= $(Na\%/0.0023 + K\%/0.0039) - (Cl\%/0.00355 + S\%/0.0016) = (0.1/0.0023 + 0.18/0.0039) - (0.08/0.00355 + 0.46/0.0016) = -220.4$ mEq/kgDM。

c. 日粮原料正负离子差值之和，与 −150～−100 毫克当量/千克 DM 之间的差数，再用添加阴离子盐的方法调整。

d. 所用阴离子盐有：硫酸盐［$CaSO_4$、$MgSO_4$、$(NH_4)_2SO_4$］；盐酸盐（$CaCl_2$、$MgCl_2$、NH_4Cl）。要首先选用硫酸盐，因其对适口性影响小，当硫量达日粮干物质量的 0.4% 仍未配成时，再用盐酸盐，氯量达日粮干物质量的 0.6%～0.8% 为止，再加大就对适口性影响太大。

e. 日粮中硫含量达 0.4%，镁 0.4%，氯 0.6%～0.8%，再用石粉把日粮钙含量调至 1.2%，用磷酸氢钙把磷含量调至 0.4%。

f. 用含铵根阳离子盐时，日粮中非蛋白氮总量不可超过日粮氮总量的0.25%，以防氨中毒。

g. 饲料中 Na^{+}、K^{+}、Cl^{-}、S^{2-} 离子数量无法测得时，200克阴离子盐加454克载体（载体最好用酸性饲料原料，如酒精、玉米、干酒糟及其可溶物、大麦），混合均匀，每头每天饲喂250~400克。

（4）使用注意：

a. 干乳后期，分娩前21~15天，开始饲喂阴离子日粮，直到分娩。要密切注意采食量，采食量降低不超过11%，牛能承受。

b. 只用于经产牛，初产牛不用。

c. 至少每周测一次尿液pH值。奶牛尿液正常pH值为7.0~8.5，pH值6.5以上时，为阴离子盐添加量偏少；pH值为5.5~6.5，且采食量变化不太大，说明阴离子盐添加量适宜；pH值低于5.5时，阴离子盐添加过量。一般食后2~4小时测，最少要测5头。

3. 加镁日粮　镁在产犊前后保持钙平衡上起着重要的作用，大量的数据分析认为提高日粮镁的浓度可以极大地降低产后瘫痪的发生。

镁为甲状旁腺素释放和维生素D活化所必需的（图39），血镁低则骨钙难以动员；低血镁使肝脏中维生素D不能迅速转化为1，25-$(OH)_2$ 维生素 D_3，使钙的肠吸收减少，所以血镁低于0.85毫摩尔/升时，很易出现低血钙。如干乳期每天每头添加71克镁，钙离子的骨动员明显高于日喂镁17克的奶牛。

对于高镁，奶牛能很好地平衡处理过量镁离子，但对低镁，奶牛的调节功能很差，所以镁低时必须补给，建议每头每天饲喂40~50克镁，达日粮干物质的0.4%。

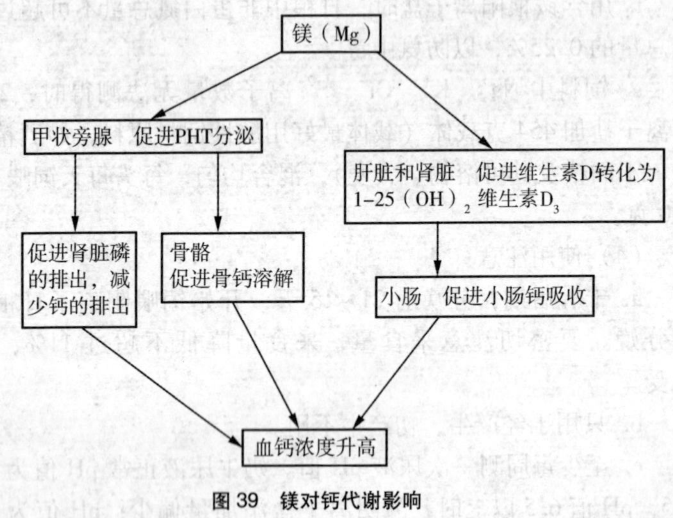

图 39　镁对钙代谢影响

四、乳热治疗

第一阶段牛能站立的临床和亚临床低血钙牛，口服钙盐是最佳治疗措施。口服补钙 30 分钟内，奶牛即可吸收有效量的钙离子进入血液，但是口服补钙只能维持 4～6 小时。对可以站立的牛进行静脉补钙，过高的血钙浓度，不但能关闭牛对低血钙的动员机制，且迅速升高的血钙浓度，会引起致命的心脏并发症。而静脉补充钙后 12～18 小时，会再次发生低血钙。所以对尚能站立牛，不推荐静脉大量补钙。氯化钙有高的生物活性，吸收能力强，有酸化作用，使机体能动员更多的储存钙。用能提供 100 克钙离子的氯化钙，可极大地提高血钙浓度，与硫酸钙合用效果更好。水溶性碳酸钙生物活性很低，不能提高血钙浓度，且是碱性反应，不宜使用。丙酸钙吸收比较慢（可能是不引起酸化的原因），必须用时要给予高剂量的钙离子（125 克）。

第二和第三阶段临床症状牛，缓慢地静脉补充 500 毫升 23%

的葡萄糖酸钙溶液，可以提供大约10.8克钙离子，完全可以补充丢失的4~6克钙离子。大量静脉补充钙离子反而没有好处。注意治疗一定要及时，因为躺卧不起会迅速引起骨骼肌的损伤。躺卧不起的牛对静脉补液一般反应良好。为了减少复发，对有吞咽反射的牛，需12小时后再口服补钙一次。

五、爬卧母牛综合征的钾疗法

爬卧母牛出现血清和肌肉中钾水平低，因此一些学者认为，低血钙状态或因长时间躺卧引起局部缺血，可能增加肌纤维细胞膜通透性而使钾丢失，从而引起肌肉强硬，成为爬卧母牛综合征的病理基础。

据报道用氯化钾40克，一日以6小时间隔分4次投予，在投予氯化钾同时静脉注射葡萄糖液，以刺激钾进入细胞内，促使胰岛素的分泌，一般平均3~4次痊愈。

然而，爬卧牛的肌酸磷酸激酶和血清谷草转氨酶明显升高，说明肌肉的损伤是严重的，应加强护理，如提供舒适的垫草，防止造成局部缺血坏死，可使疗效大大提高。另有报道低血镁也可能是本病原因。因此，在钾无效时可考虑镁疗法。

第四节　乳 腺 炎

乳腺炎是极其复杂的奶牛多发病，特别以亚临床型（隐性乳腺炎）最为多发，是当前奶牛群最多的疾病。

一、乳腺炎致病菌

乳腺炎致病菌包括主要病原菌和次要病原菌。主要病原菌有金黄色葡萄球菌、无乳链球菌、停乳链球菌、乳腺炎链球菌（乳房是唯一栖息地）、大肠杆菌、环境源的肠道球菌。次要病原菌有凝固酶阴性葡萄球菌、表皮葡萄球菌、牛棒状杆菌、微球菌等。

二、临床表现

本病临床表现可分临床型和亚临床型两类。

（1）临床型特征表现为牛乳异常，乳汁中出现细菌，乳成分发生巨大改变；乳房肿胀，产奶下降，食量减少，严重时伴有体温升高。

（2）隐性乳腺炎特征是牛乳和乳房在外观上无明显变化，但乳汁中有细菌，乳成分被改变，产乳量减少。

处于亚临床型乳腺炎的牛的数量很大，占乳腺炎奶牛的90%，特别是高产奶牛。

三、隐性乳腺炎标记

临床记录不能确诊为隐性乳腺炎时，虽对乳牛乳区进行细菌学测定能够确诊，但群体规模上不太行得通。且挤乳后乳头管开放，细菌可通过乳头管侵入，首先引起乳汁感染，从乳汁感染到乳房感染需十几小时，此间的挤乳可把感染乳汁挤出，不一定引起乳房感染，故细菌学检测也有一定误差。

病原微生物引起乳腺炎，必引起乳成分变化和炎症产物产生，因而可用其中某些成分来监测乳房健康，标记隐性乳腺炎。乳房细菌感染分类如表 12 所示。

人们对乳汁的导电性、血清白蛋白、体细胞数（SCC）等进行研究，结果用体细胞数标记，误差最小。正常乳汁中有一定量体细胞，包括老化脱落的乳腺上皮细胞、游走来的白细胞和黏膜上皮淋巴细胞等。健康牛体细胞上限阈值为 20 万/毫升，此值以下为隐性乳腺炎阴性，20 万～50 万/毫升为可逆，50 万/毫升以上为阳性。

用SCC标记乳区隐性乳腺炎，预测乳房内感染误差虽小，仍有一定误差，所以，需研究其更精确的标记方法，现最有希望的方法是免疫学标记法，其中有过氧化氢酶、糖苷酶、抗胰蛋白酶测定等，但均尚未用于临床。

表12 乳房细菌感染分类

	乳汁1毫升中		pH值	乳房、乳汁所见
	细菌250万个以上	体细胞数50万个以上	6.5以上	乳色异常，有凝块，乳房肿胀、硬结、疼痛
正常乳汁	−	−	−	−
乳汁感染	+	−	−	−
乳房感染	+	+	−	−
隐性乳腺炎	+	+	+	−
临床型乳腺炎	+	+	+	+

乳汁体细胞间接计数法诊断隐性乳腺炎，以加州乳腺炎测试法（CMT）最为多用，国内对诊断试剂进行适当改进后又有兰州LMT、北京BMT、杭州HMT等。其原理与加州法相同。以阴离子表面活性物质——烷基或烃基硫酸盐（如十二烷基磺酸钠）为主配制成CMT诊断试液，在CMT诊断试液的作用下，乳汁细胞中的脂类物质发生乳化，乳汁中体细胞被破坏，释放出的DNA发生沉淀或凝结成块，根据其沉淀或凝块量的多少来间接判定乳中细胞数的多少，达到诊断目的。

其方法如下：乳汁检验盘上有4个直径7厘米检验皿，4个乳区的乳汁分别挤入4个检验皿中，倾斜检验盘60°，流出多余乳汁，加等量（2毫升）试剂，随即平持检验盘旋转摇动，使试剂与乳汁混合，10分钟后观察。

判定：混合物液状，杯底无沉淀物为（-）；混合物液状，杯底出现微量沉淀为（±）；杯底出现少量沉淀，但不呈现胶状，流动性大，沉淀物散布于杯底，并有一定黏附性为（+）；杯底出现较多黏稠胶状沉淀，并黏附于杯底，旋转检验盘，胶状物有聚中倾向为（++）；混合物几乎完全形成胶状物，并黏附于杯底，旋转检验盘时，难以散开为（+++）；混合物立即形成胶状物，凸起，出现夹心奶为（++++）。“++”及以上为阳性。

四、隐性乳腺炎的防治

对于易感染性疾病，预防尤为重要。因此，只有制定一个合理的防御措施，严格执行，长期坚持，才能使隐性乳腺炎的发病率得到有效控制。具体做法如下。

1. 搞好环境和牛体卫生 环境是微生物生长繁殖的重要场所，也是隐性乳腺炎感染的重要途径，因此，保持良好的环境卫生，防止细菌的繁殖是预防的关键。牛舍、运动场应该清洁、干燥，定期对运动场和牛舍进行消毒（可每隔 10 天用消毒液喷雾消毒一次），乳腺炎高发季节更应加强消毒，增加消毒次数。做好夏季防暑、冬季保温工作，减少应激，使奶牛生活在清洁、卫生、舒适、安静的环境中。乳头在套上挤奶杯前，用水冲洗，用干净毛巾清洁和擦干。

2. 加强饲养管理 要规范化饲养；饲喂全价日粮，各生产阶段精、粗饲料搭配要合理；以奶定料，按牛给料；禁用变质霉变饲料，特别注意玉米是否有霉变，维持机体最佳生理功能。

3. 乳头浸浴 挤奶后要严格进行乳头药浴，这是控制乳腺炎的有效方法。挤完奶 15 秒后乳头括约肌才能恢复收缩功能，乳头孔慢慢关闭，此期间张开的乳头孔极易受到环境性病原菌的侵袭，故挤奶后乳头应立即在 1 分钟内药浴消毒，使消毒液附着在乳头上形成一层保护膜，可大大降低乳腺炎的发病率。药浴常用药物有 0.5%氯己定、0.1%雷夫奴尔、0.1%新洁尔灭、1%～3%聚维酮碘等。药浴时将乳头在药浴杯中浸泡 0.5 分钟，并做到长期坚持，可有效地防止隐性乳腺炎。

4. 干奶期预防　这是目前控制乳房感染最有效的措施，在干乳前最后一次挤乳后，向每个乳区注入适量抗生素，这不仅能有效地治疗泌乳期间遗留下的感染，而且还可预防干乳期间新的感染。目前主要是向乳房内注入长效抗菌药物，有效期可达 4~8 周。我国多使用青霉素 100 万单位、链霉素 100 万单位、2%的单硬脂酸铝 2~3 克或新霉素 0.5 克灭菌豆油 5~10 毫升，制成乳剂或油剂，再注入乳区内。国外多用长效抗生素软膏。药液注入前，要清洁乳头，乳头末端不能有感染。

5. 药物预防

(1) 西药防治：

a. 盐酸左旋咪唑：分娩前 1 个月，按每千克体重 10 毫克，拌料自由采食，连用 2 天，同时盐酸左旋咪唑有免疫调节作用，能恢复和增强奶牛正常免疫功能，且盐酸左旋咪唑又是驱虫药。

b. 亚硒酸钠或维生素 E：每头奶牛每天补硒 2 毫克或每头奶牛日粮中添加 0.74 毫克维生素 E，可以提高机体抵抗病原微生物的能力，降低乳腺炎发病率，尤其是在缺硒地区。

c. 几丁聚糖：饲喂适量几丁聚糖不但能控制感染隐性乳腺炎、大幅度降低阳性乳区发病率，而且能提高产奶量。

(2) 中草药防治：复方黄连组方（黄连+蜂胶+乳香、没药）和复方大青叶组方（大青叶+五倍子+乳香、没药）制成的中药乳头药浴剂，临床证明对隐性乳腺炎均有较好的预防效果。

6. 定期评价挤奶机的性能　虽然挤奶机的影响只占乳腺炎问题的 5%左右，但仍要保持挤奶机的真空稳定性和正常的脉动频率，不要因此而损害乳头管的防护功能；要保持挤奶杯的清洁，及时更换易损坏的挤奶杯“衬里”，因为它容易“滑脱”而引起感染。

7. 定期进行牛乳 SCC（体细胞计数）检查　根据细胞数目采取相应的防治措施。干乳前 10 天必须进行隐性乳腺炎监测，对阳性反应在"++"及以上的牛给予及时治疗，干乳前3天再监测一次阴性反应的牛才可停乳。

8. 接种乳腺炎疫苗 乳腺炎疫苗是一种预防乳腺炎的特效疫苗，能有效地预防乳腺炎，特别是隐性乳腺炎的发生。具体使用方法为：肩部皮下注射3次，每次5毫升，第1次在牛干奶时，30天后第2次，并于产后72小时内再注射第3次，以预防乳腺炎发生。

五、临床型乳腺炎治疗

1. 中药治疗 临床型乳腺炎又称乳痈。病理机制是"营气不从，逆于肉里"，热毒聚结而发，治则是清热解毒、活血化瘀，方用公英散：公英200克、地丁100克、二花100克、连翘150克、鱼腥草200克、赤芍50克、木通50克、王不留行75克、瓜蒌50克。煎汤灌服，每日1剂，连用3天为1个疗程。

公英、地丁、金银花、连翘、鱼腥草清热解毒，消散痈肿，特别是公英能疏通乳腺管，为治疗乳痈第一要药。赤芍、王不留行活血化瘀，全瓜蒌散结利气，特别是王不留行通经排乳，使乳房内乳汁排出，以防腐败产毒。木通通利血脉，通经下乳。数药配伍，热毒以清，结聚消散，经通血活，乳汁得以排出，乳痈可愈。

2. 西药治疗 乳腺炎初期，即发生乳腺炎的头几天可用10%~20%的硫酸镁溶液对乳房进行冷敷，后期用硫酸镁进行热敷，每天数次，每次30分钟左右。外敷后在乳房上涂搽活血消肿药物，如红花油、樟脑搽剂等。

青霉素50万单位、链霉素0.5克溶于50毫升蒸馏水中，再加入0.25%的普鲁卡因溶液10毫升，挤净牛奶后用乳导管注入，每天2次。严重时，除局部用药外，还应做全身治疗，一般用庆大霉素作肌内注射，每次20~40毫升（每毫升含40毫克），连

用3~5天；或静脉注射多西环素，每千克体重注射5毫克，每天注射1次。因乳中会产生药物残留，影响人类身体健康原因，现很多西药泌乳牛禁用。

日本千叶县奶牛养殖户治疗乳腺炎偏方：鱼腥草临近开花前收割，并使其充分干燥，禁止使用被淋湿发霉的干草；在啤酒瓶内装入不超过瓶容积一半的干鱼腥草，取酒精含量为35%左右的白酒，注入装有干燥鱼腥草的瓶中，浸泡30天左右；拣出瓶中茎叶等物，放置90天后，该药酒便酿制成功。取100~120毫升的鱼腥草酒与400毫升左右洁净饮用水混合，每天喂牛2次。根据需要可以多配制一些，以备日后使用。给患乳腺炎的奶牛喂食鱼腥草酒后，30~40分钟即可退烧。

第五节 蹄叶炎

蹄叶炎是牛蹄真皮急性、亚急性或慢性弥散性、无败性炎症。围产奶牛多发，病因尚未完全明了，可能是代谢紊乱的局部表现。通常可侵害几指（趾）。由于蹄叶炎可导致蹄变形、白线病及蹄底溃疡等多种蹄病，给奶牛业造成的损失很大。本文就其病因、症状、治疗及预防等综述如下。

一、发病机制

Pollit等（1998）研究发现，薄膜组织结构中存在有金属蛋白酶类（MMPs），特别是白明胶酶A和白明胶酶B，能催化降解基础膜（BM）、半细胞桥粒（上皮细胞膜中的局部增厚组织），最终使MB和上皮基部细胞分离，使薄膜组织结构失去其生物学功能。在健康情况下这些金属酶被钝化，不具有催化活性，当有大量的微生物代谢毒素发生时，这些酶将被激活。

产后为了泌乳需求，奶牛要饲喂大量高能精料，瘤胃中以链球菌为主的有害菌能在充足底物、较低 pH 值下迅速繁殖，成为优势菌株，把糖类降解为以 L-乳酸为主的酸类，被瘤胃吸收入血。高蛋白精料，被细菌降解为氨，降低了肝脏解毒功能，肝脏受损伤，原于蛋白质毒素或含氮化合物的降解有毒物质在血中蓄积。这些产物激活蹄真皮毛细血管壁中的 MMPs，使血管壁通透性增高，引起红细胞和血小板凝聚，角质细胞发生营养供给不足，角质合成出现障碍。再加上因血液和淋巴液的渗出，引起真皮水肿，导致蹄叶炎。渗出液对真皮刺激和压迫，产生疼痛。

二、临床症状

1. 急性蹄叶炎

（1）全身症状：急性早期可见病牛肌肉震颤，体温升高至 40~41℃，呼吸促迫，心跳加快，食欲不佳，产奶量下降。急性蹄叶炎若两前肢发病，则两前肢前伸，蹄尖跷起，蹄踵负重，两后肢前移腹下，使重心尽量后移；若两后肢发病，则患畜头下垂，前肢后移腹下，使重心尽量后移；四肢均发病，则患畜弓背，四肢集于腹下，并频繁交换负重或卧地不起。

（2）局部症状：趾（指）动脉亢进，蹄温高，用蹄钳钳其蹄部疼痛感明显。

2. 慢性蹄叶炎　多由急性转来，患牛站立时多以球部负重。蹄变形，呈现典型“拖鞋蹄”（芜蹄），蹄背侧缘与地面形成很小的角度，蹄扁阔而变长。蹄背侧壁有不规则嵴和沟形成。蹄底切削出现角质出血，穿孔和溃疡。

三、治疗

本病是急性症，要及时治疗。临床症状出现 4 小时之内，蹄小叶病理变化是细胞水平，容易完全治愈，发病 24 小时后可引起永久性损伤，36 小时后治疗只能治标而不能治本，所以治疗

应越早越好。

治疗时首先要区分原继发和原发，若因酮病继发，应加强原发病治疗。原发：应首先改变日粮结构，减少精料，增加优质干草喂量。

1. 西药治疗

（1）急性蹄叶炎治疗可用抗炎镇痛药物，如阿司匹林，成年乳牛 15~30 克，每天 2 次投予；保泰松 20 毫克/千克体重，每天 2 次内服。

（2）为缓解疼痛，可用 1%普鲁卡因 20~30 毫升指（趾）神经封闭，也可用乙酰丙嗪肌内注射。

（3）静脉放血 1 000~2 000 毫升，再静注 5%碳酸氢钠 500~1 000 毫升、10%水杨酸钠 100 毫升、20%葡萄糖酸钙 500 毫升，5%~10%葡萄糖液 1 000 毫升，可缓解疼痛，制止渗出。

（4）蹄部温浴，使毛细血管扩张，促进渗出物吸收。

2. 中药治疗　本病病理机制是气血凝滞于蹄，方用活络效灵丹加味。本方源于《医学衷中参西录》，是治疗经络湮淤、气滞血瘀、血不循经引起的各种疼痛名方。当归、丹参活血化瘀，瘀血去新血生，气机复畅；乳香、没药破血定痛，化瘀消肿；牛膝引药下行；金银花、连翘解毒清热，而用于急性牛膝引药下行。诸药配伍，血活气行，毒消痛止而愈。

慢性蹄叶炎要注意护蹄，保护蹄底角质，多削蹄壁和蹄尖角质，维护蹄形。

四、预防

预防要注意以下几点：

（1）产前、产后 4 周避免突然改变饲料，特别是在日粮中增加含蛋白质和能量高饲料时，要循序渐进，使瘤胃内环境有一适应阶段。

（2）产后精料量要逐渐增加，产后两周内不可给太多精料。

（3）要保持一定量的粗纤维供给。

（4）干奶期要控制营养供给，防止母牛过肥。

第六节　子宫内膜炎

奶牛子宫内膜炎是指炎症仅局限于子宫内膜的病理过程，中医又称带下症，是一种奶牛产后多发的繁殖障碍性疾病，常发生于分娩后的数天之内，它不仅影响奶牛的正常生理功能，还可引起产奶量急剧下降和繁殖力降低，甚至造成奶牛长期不孕而被提前淘汰，给奶牛养殖业造成严重的经济损失。

一、发病原因

1. 抗病能力降低

（1）局部黏膜免疫功能降低：子宫黏膜固有层存在有白细胞、淋巴细胞、巨噬细胞等，嗜中性白细胞有吞食功能，参与非特异性和特异性免疫（吞噬作用）；巨噬细胞能递呈抗原信息，淋巴细胞为免疫应答细胞，被活化后能分泌 IgA、IgG1，阻止病原微生物局部感染。

宫内嗜中性白细胞吞噬功能是抵抗病原侵害的最初屏障，现已证明，患牛嗜中性白细胞吞噬功能降低；据报道健康牛产后黏膜局部 IgG1 逐渐升高，第 6 天达 5~6 毫克/毫升峰值，子宫内膜炎患牛 IgG1 水平仅为同期健康牛 1/3。黏膜免疫应答减弱和白细胞吞噬作用低下，使患牛抗病能力下降，导致子宫内膜炎发生。

（2）激素调节失调 ：产后子宫的复旧和子宫内膜的修复与子宫的抗病力高度相关，修复完全的子宫内膜能一过性合成 PGF2α，PGF2α 能使黄体退行，黄体酮分泌减少，雌激素分泌增多；黄体酮浓度增加使机体免疫功能降低，而雌激素浓度增加使

免疫功能提高。

酮病、胎衣不下、子宫损伤（如难产、胎盘人工剥离）、病原微生物污染产道等，使子宫复旧不全，影响子宫内膜修复，PGF2α 难以合成，无力退黄、血液中黄体酮浓度高，雌激素浓度低，机体免疫功能低下，子宫内膜易发生感染。

2. 营养缺乏 日粮中维生素、矿物质元素缺乏或矿物质比例失调时，母牛的抗病能力降低，容易发生子宫内膜炎。如维生素 A 缺乏，子宫上皮角化，抗病能力减弱；维生素 E 或硒缺乏，子宫黏膜细胞易被自由基攻击而变性，失去防御能力。Harrison 等在产前给奶牛注射硒和口服维生素 E 可有效减少产后子宫内膜炎的发生。

3. 病原微生物感染 从感染子宫中分离到的病原菌和正常牛子宫内的细菌基本相同。多为畜舍环境中存在的，且多为条件病原菌，如链球菌、葡萄球菌、大肠杆菌、化脓放线菌、棒状杆菌等，因此大多数子宫感染都是非特异性的。产房卫生条件差，接产消毒不严格，接产时对产道的机械损伤，降低了产道抗病力；再加上产后子宫颈口开张，病原微生物很易污染产道，进入子宫，引起感染。所以，多数奶牛都会出现产后子宫内膜炎，且侵入子宫的细菌菌群在产犊后 7 周内还连续发生变化。健康牛靠其自净能力，大多数奶牛的子宫内膜炎可以自愈，对于繁殖和其他生产性能没有明显的影响。

牛抗病能力在特定因子损伤下降低时，子宫内膜炎不能自愈，子宫会再次出现污染。一些研究人员认为，严重的子宫重复感染，相当部分是特定的化脓性放线菌和厌氧坏死梭菌。厌氧的坏死梭菌能增强化脓性放线菌的定植，化脓性放线菌产生有利于坏死梭菌生长的物质，坏死梭菌又能产生淋巴毒性物质，导致子宫内膜炎加重。Griffin 等报道，69%的子宫再次感染奶牛有化脓性放线菌定植；Del Vecchio 等报道，64%的子宫再次感染奶牛有化脓性放线菌定植。

二、临床症状

子宫内膜炎可分为隐性型、卡他型 、脓性型三种。

1. 隐性型　无明显临床症状，发情、排卵正常，或仅见发情时黏液量稍增。但屡配不孕，或胚胎早期被吸收。直肠检查子宫角稍硬、稍粗，收缩反应差。

2. 卡他型　发情周期正常，但屡配不孕。阴道内常见稀薄、带絮状物黏液流出，阴道黏膜充血，输精后有努责现象。直肠检查子宫收缩反应微弱。

3. 脓性型　阴道内流出灰白或黄色脓性分泌物，有腐臭，牛卧下时往往有大量分泌物流出。发情无规律或不见发情。直肠检查子宫壁厚而硬或质地不均匀，子宫收缩反应微弱，阴道黏膜充血。子宫颈口封闭时可形成子宫蓄脓，蓄脓子宫膨大，沉入腹腔。

三、治疗

目前，子宫内膜炎的治疗方法有局部治疗和全身治疗，药物有抗生素、激素、防腐消毒剂及中草药。

1. 西药治疗

（1）最常用的方法是药物灌注子宫，如每次灌注聚维酮碘凝胶 100 毫升，隔天 1 次，连用 2 次；或氧氟沙星 3 克溶于 100 毫升生理盐水中，1 次灌注，连用 3 次等。然而，有些药物能抑制子宫的防御功能，对子宫带来损害，如土霉素。再加上因抗生素被吸收后在牛乳中有药物残留，很多药物被禁用，且抗药菌株在临床上又大量出现，致使药物灌注的疗效大大降低。

（2）前列腺素疗法：前列腺素 PGF2α 或其衍生物如氟前列烯醇，能使黄体溶解，提高子宫内白细胞的噬菌作用，促进子宫

清除感染。PGF2α 或类衍物可肌内注射，可直接注入子宫内，间隔 11~14 天可再应用 1 次。如用氟前列烯醇，可 1 次肌内注射 0.5 毫克。

（3）生物学疗法：Kudriavtsev 等发现许多芽孢杆菌对牛子宫内膜炎病原菌有明显的颉颃作用。Kummer 等给发情后供试奶牛用 1%乳酸杆菌的葡萄糖溶液子宫灌注，结果表明乳酸杆菌激发了子宫内膜的细胞免疫，抑制了病原微生物增殖。王光亚等用乳酸杆菌治疗牛子宫内膜炎，治疗 19 头子宫内膜炎病牛，有 17 头痊愈。

（4）其他方法：大肠杆菌脂多糖 100 微克，子宫灌注患细菌性子宫内膜炎病牛，大肠杆菌脂多糖抗体可激活子宫防御，使奶牛能在一个发情期内清除感染，恢复生育。

Strube 等用低浓度的有机酸作用于子宫黏膜后，导致了较高的局部免疫应答，直接提高了局部和外周血液中淋巴细胞吞噬能力。

2. 中药治疗　子宫内膜炎属中医“带下证”，病因有湿毒、脾肾亏虚。在产后期发生的多为湿毒型，现就湿毒型治则、方药介绍如下：湿毒内聚，蕴而生热，秽液下流，阴门不断排出米泔水样物质，带恶臭黏液，或夹血脓。湿热内蕴，损伤津液，见口内乏津，舌红，粪干，尿短赤，半吃半倒。治则：清热解毒，利水除湿，化瘀凉血。方用止带方：栀子 50 克、鱼腥草 120 克、黄柏 50 克。清热解毒，特善清下焦热毒，茯苓 50 克、猪苓 25 克、车前子 100 克；利水除湿，茵陈 50 克；清热利湿，丹皮、赤芍各 25 克；凉血解毒，牛膝 30 克引药下行，使药直达病灶。热重可加金银花、连翘，增强解毒清热之力。

除中药制成散剂、汤剂灌服外，还有制成稀流膏注入子宫，制成栓剂填入子宫。药方很多，但治疗原则均是清热解毒、渗利水湿、化瘀凉血。临床上有热重于湿、湿重于热或湿热并重的不同，组方遣药有所差异。

四、预防

（1）分娩过程是引起子宫感染的一个主要环节，故助产过程中要严格消毒，防止子宫及产道损伤。

（2）产后注射氟前列烯醇 0.5 毫克，使黄体退行，使子宫快速复旧，子宫内膜快速修复。

（3）产后喂服益母生化散（益母草、当归、川芎、桃仁、炮姜、炙甘草）500 克/（天·头），连用 3 天，促进恶露排出和子宫功能恢复。

第七节　卵巢囊肿

卵巢囊肿是指卵巢上有囊肿样物形成，数量为 1 至数个，其直径为一至几厘米，卵巢囊肿包括卵泡囊肿和黄体囊肿。

1. 卵泡囊肿　它是牛最常见的一种卵巢囊肿，囊肿卵泡比正常卵泡大，呈单发或多发，见于一侧或两侧卵巢。核桃或拳头大小，直径多为 3~5 厘米，囊肿壁薄而致密，内充满囊液。有时囊肿破裂后引起出血，血液流入囊泡内形成血肿，血肿被增生的肉芽组织机化则形成结缔组织团块。

2. 黄体囊肿　它是由于黄体囊状化形成的，多发生于单侧，大小不等，囊腔形状不规则并充满透明液体。其破裂后可引起出血，在囊腔内形成血一样液体。未排卵的卵泡壁上皮细胞黄体化时也可发展为囊肿，亦称黄体化囊肿，常呈圆球形。

一、发病原因

卵巢囊肿，其发生机制尚不十分清楚，一般认为与促卵泡激素分泌过多和促黄体激素分泌不足有关。

正常牛在发情期间，卵巢中发育的卵泡仅有一个成熟，其余

的相继萎缩。当垂体分泌的促黄体素（LH）不足或促卵泡素（FSH）过多时，可导致成熟的卵泡不排卵，颗粒层细胞仍分泌液体而形成卵泡囊肿。

饲料中缺乏维生素 A、硒元素，饲料中含有大量雌激素，卵泡发育过程中气温骤变，母牛虚弱和营养不良等均易引起卵巢囊肿。子宫内膜炎、胎衣不下、输卵管炎及其他卵巢疾病，也易伴发本病。此外，本病的发生还可能与遗传有关。

黄体性囊肿发生机制目前仍不十分清楚，一般认为除与上述的饲料因素、环境因素、体质因素和疾病因素有关外，黄体的功能异常也是其产生的原因之一。有人认为，当动物排卵时血压增高或血液凝固性降低，以致破裂泡腔出血过多，不能形成完全的黄体而发展成黄体囊肿的。

二、临床症状

卵泡囊肿时，病牛发情周期变短，但发情时间延长，或出现持续而强烈的发情现象，甚至成为“慕雄狂”。母牛极度不安，大声哞叫，食欲减退，频繁排粪排尿，经常追逐或爬跨其他母牛。病牛性情凶恶，有时攻击人和其他牲畜。直肠检查，通常可发现卵巢增大，在卵巢上有 1 个或 2 个以上的大囊肿，略带波动。

黄体囊肿时主要表现是母牛不发情。直肠检查，卵巢体积增大，可摸到带有波动的囊肿。为了鉴别诊断，可间隔一定时间进行复查，如超过一个发情期以上没有变化，母牛仍不发情，可诊断为黄体囊肿。

三、防治方法

主要采用激素疗法。

1. 卵泡囊肿

（1）促性腺激素释放激素（GnRH）100~200 微克/（头·

次），可多次注射；促黄体激素（LH）200~400 国际单位；绒毛膜促性腺激素（HCG）1 000~5 000 单位，注射后 9~12 天，进行直肠检查，若有黄体形成，再注射前列腺素 $F_{2\alpha}$ 诱导发情。

（2）黄体酮 100 毫克，肌内注射，1 天或隔天 1 次，连用 2~7 天（黄体酮总用量不超过 700 毫克）。

2. 黄体囊肿

（1）肌内注射前列腺素 $F_{2\alpha}$ 或其衍生物氟前列烯醇，使囊肿黄体溶解和血清黄体酮浓度下降，注射后 1~8 天出现正常性周期。患牛一次可肌内注射氟前列烯醇 0.4~0.5 毫克或 $PGF_{2\alpha}$ 10 毫克。

（2）催产素：200 单位，一次肌内注射。

（3）碘不足和甲状腺功能亢进被认为是母牛黄体囊肿的原因之一。卵巢囊肿母牛，每天饲喂 3~10 克碘化钾，连续用 7 天，16 天后，治愈率为 71%。碘化钾还可以诱发母牛发情。

第八节　胎衣不下

胎衣不下又称为胎衣停滞。奶牛胎衣生理排出时间是产后 3 小时，产后 10~12 小时不能自然完全脱落而滞留于子宫内，就称为胎衣不下。胎衣不下的发病率通常为 10%~25%，有的牛场为 30%~40%，甚至在某些季节高达 50%以上。该病治疗不当易继发子宫内膜炎等多种疾病，不少胎衣不下奶牛因不孕而被淘汰，重度的可引起败血症，造成死亡。国内外许多学者对该病进行了大量研究，现将对胎衣不下发病机制及诊治综述如下。

一、胎衣生理脱落过程

从组织学上说，胎衣脱落是否正常，取决于母体胎盘和胎儿胎盘组织间的松动和分离过程是否能正常完成。牛胎盘是结缔组

织上皮绒毛膜混合型子叶胎盘，呈“母包子”状紧密结合。分娩时胎盘结缔组织逐渐胶原化，母体腺窝内上皮变平。双核巨噬细胞增多，这些细胞发育成多核巨噬细胞，并在胎盘分离之前表现出吸收和吞噬作用。胎儿娩出前，随子宫的节律收缩与扩张，子宫阜被压向胎儿并发生交替充血与缺血。子宫收缩致子宫阜充血，腺窝张力增加，挤出绒毛中血液，绒毛变小，子宫如此反复收缩，绒毛与腺窝间出现空隙。胎儿娩出，脐带断掉后，胎膜绒毛中血液含量剧烈减少，体积和面积随之快速缩减，绒毛与腺窝间间隙增大，在重力作用下使胎衣排出。

二、发病机制

1. 子宫收缩无力

（1）母牛体质虚弱或因难产分娩时间过长，导致产后子宫收缩无力，不能及时排出胎衣。研究结果表明，产后子宫活动力量不够，特别是产后 4 小时子宫活动微弱是引起胎衣不下的重要原因。

（2）生殖激素紊乱：胎衣不下牛与正常牛相比，分娩前 PGF2α 水平低，在胎衣正常脱落过程中 PGF2α 起重要作用，产前 PGF2α 可溶解黄体，降低黄体酮水平，解除黄体酮对子宫收缩的抑制。产前 15 天直至分娩前，胎衣不下牛的雌激素水平低于正常牛，而黄体酮水平高于正常牛，黄体酮能抑制子宫收缩，延缓子宫复旧。

（3）低血钙（临床或亚临床）：低血钙使子宫肌肉弹性降低，子宫平滑肌收缩无力，导致胎衣不下。乳热患牛胎衣不下发生率比正常牛高 5~6 倍。

（4）硒、维生素 E 缺乏：使机体清除自由基能力低下，过剩的氧自由基首先使线粒体外膜脂肪酸发生脂质过氧化，破坏脂质膜的结构和功能，以致维持正常生命活动的能量不足，子宫收缩无力。研究表明，产前2周血浆内总抗氧化酶水平，胎衣不下牛低于正常牛。

2. 胎盘发生异常

（1）胎衣排出是一复杂生理过程，在分娩前较长一段时间内，胎儿和母体胎盘的细胞形态与功能逐渐发生变化，至分娩达到成熟。早产或流产或胎盘成熟过程未完成，胎衣不能正常排出。

（2）异常分娩会使子叶中组胺含量增多，而组胺是血管内活性物质，有很强舒张血管作用，使小静脉和毛细血管壁通透性增强，引起局部充血水肿，使分娩后的绒毛与腺窝结合紧密，不能分离。或分娩后子宫出现痉挛强直、腺窝瘀血水肿，使绒毛嵌顿腺窝内，致使胎衣不能排出。

（3）子宫内存在一氧化氮合成、释放系统，妊娠期由于子宫内有一定量一氧化氮，能抑制子宫收缩，维持妊娠；分娩时一氧化氮合成、释放减少，这有利于启动分娩；分娩后一氧化氮合成、释放进一步减少，以使子宫快速复旧，胎衣迅速排出，所以一氧化氮对妊娠、分娩有益。研究表明，分娩时出现产道损伤、恶露增多等损伤因子，使子宫发生炎症反应，致炎因子刺激诱生一氧化氮合成酶，导致产后一氧化氮生成量增多，一氧化氮不但引起子宫松弛，且其为自由基，有强氧化性，通过抑制电子传递，阻止细胞内 DNA 和 RNA 合成，导致细胞凋亡，组织损伤，使炎症加重，致使胎盘出现粘连。

（4）妊娠后期因饲养管理失误，如过肥、过瘦或缺乏运动，孕牛血液流变出现异常，血浆纤维蛋白原升高，血液黏滞度增高，血流阻力增大，血循不畅，微循环障碍，使子宫血液灌注量减少，功能低下。据资料报道，产后7~10天胎衣不下的牛，全血比黏度、红细胞聚集指数、血浆比黏度、血浆纤维蛋白原含量均显著高于产后正常牛。

（5）有报道称胎衣不下与免疫应答相关，免疫排斥参与分娩启动和正常分娩过程，有害因子导致母体免疫应答紊乱，抑制母体免疫排斥应答，使母子胎盘间不能及时分离。

三、临床症状

1. 完全胎衣不下 奶牛产后少部分胎衣悬挂于阴门外，入手检查发现大部分胎衣滞留于子宫、阴道，胎衣与子宫内膜子叶黏着、紧扣部分较多。产后 24 小时奶牛仍没有将胎衣排出，胎衣便开始腐败发臭，炎性产物及发臭的胎水开始蓄积产道，产道温度升高。病牛弓腰举尾，不断努责做排尿状。体温升高至 39.5℃以上，食欲减退，饮水正常。5 天以上未排出者，体温升高至 40℃以上，食欲废绝，全身症状明显。

2. 部分胎衣不下 奶牛产后有部分胎衣未排出，悬挂于阴门外。病牛体温变化不明显，饮食正常，但有时出现努责现象。入手阴道检查，发现少部分胎衣扣在母体胎盘子叶上或仅有孕角顶端极小部分黏在母体胎盘上。

四、治疗

1. 西药治疗

（1）促进子宫收缩：缩宫素 150 国际单位或垂体后叶素 140 国际单位肌内注射，2 小时后再注射 1 次，产后 12 小时内使用，以 6 小时内使用最佳。还可用己烯雌酚 50~200 毫克，肌内注射，每天 2 次，连用 3 天。

（2）预防感染：子宫注入抗生素、磺胺类药物或其他杀菌药物，如灌注聚维酮碘凝胶 100 毫克，隔天 1 次，连用 2 次。

（3）补充能量，防止中毒：5%葡萄糖 500 毫升，10%安钠咖 20 毫升，5%碳酸氢钠 200 毫升，25%葡萄糖 500 毫升。每天 1~2 次，连用 3 天，混合静脉注射。

2. 灌服中药　以中医辨证，本病病理机制为虚中夹实，气虚兼有血瘀，且以虚为主。孕期饲养失误，过肥、缺乏运动或产程过长，努责过度，致使气血过耗而致气血亏虚；产后护理不当或感受寒邪，寒凝血滞，或出血过多，津枯血燥，使气郁血滞，运行不畅，血道闭塞，胎衣不能排出。治疗原则：补益气血，活血化瘀。方用益母生化散合四君子散。配方：党参 50 克，白术 50 克，茯苓 50 克，甘草 25 克，为四君子散，补中益气，鼓动气血运行；益母草 100 克、当归 50 克、川芎 10 克、桃仁 50 克，活血化瘀，祛瘀血生新血；炮姜守而不走，固守胞宫，逐胞宫寒邪。瘤胃有胀气时可去白术加木香，血瘀重时加红花、牛膝，寒重时加附子。

3. 手术治疗　产后 36~48 小时施术最适宜，因此时子宫颈口手可进入，子宫复旧过程已把胎衣推向骨盆腔，进手后能触摸到，且此时胎盘与子宫结合力降低，易于剥离。过早，子宫复旧差，深入孕角的胎衣尚未推向骨盆腔，手够不到，剥不净；过晚，子宫颈口封闭，手进不去，妨碍操作。手术按常规进行。术后填入青霉素、链霉素各 400 万~800 万国际单位。再每天灌服 500 克益母生化散（益母草 120 克、当归 75 克、川芎 30 克、桃仁 30 克、炮姜 15 克、甘草 15 克），连用 3 天。

五、预防

（1）应加强奶牛的运动，每天奶牛运动时间不少于 5 小时，让其自由活动和饮水。注意干乳期体形调整，把体形调整至 3.5~3.75。

（2）补充维生素 A、胡萝卜素，维护子宫黏膜上皮健康。

（3）干乳后期料中要添加阴离子盐，以防血钙降低过多。

（4）产前补硒和维生素 E，对防止胎衣不下，改善产后繁殖性能有明显效果，在奶牛产前 24 小时内注射亚硒酸钠维生素 E

注射液5~10毫升。

（5）产后立即注射PGF2α（如氟前列烯醇0.5毫克），PGF2α能退黄，促进子宫复旧；同时，能使在胎衣排出过程中起重要作用的胎盘双核巨噬细胞数量增多。

（6）减少应激，因应激引起糖皮质激素释放，刺激胎盘组织分泌黄体酮，并可阻止蛋白质水解酶活性，使胎衣排出困难。

第九节　皱胃变位

皱胃又称第四胃或真胃，幽门与十二指肠相接，位于右侧第11~13肋弓下方，前邻剑状软骨，形似细颈坛。胃内容物呈粥状，其容积占四个胃总容积的7%~8%。

真胃的正常解剖学位置改变称为真胃变位。依据变位方向不同可分为左方变位与右方变位。在临床诊断与治疗时又依据变位程度分为完全变位和不完全变位。完全变位病势重笃急剧，全身症状明显，常伴有心力衰竭、脱水、代谢性碱中毒，如不及时治疗，多数病例在48~96小时死亡。不完全变位病势缓和，全身症状较轻，病程长，病情弛张，多呈慢性消化不良状态。

一、发病原因

本病主发于高产成年奶牛分娩后不久，其发病原因主要有两方面，一是真胃弛缓，一是机械性转移。而真胃弛缓是本病的根本原因。引起真胃弛缓原因有以下几种。

（1）分娩时间过长，努责过度，造成奶牛产后疲劳，胃肠功能减弱，导致真胃迟缓。

（2）分娩、泌乳应激使神经体液调节发生急剧变化，影响胃肠功能，造成真胃弛缓。

（3）新产奶牛加精料太快，精、粗料比例失调，饲料在前胃快速发酵产生大量有机酸，使消化道酸度增高，引起胃肠弛缓，容积增大。

（4）产后血钙降低，低钙导致胃肠平滑肌迟缓无力。

（5）随着胎儿的增大，妊娠子宫不断机械性地从腹底部把真胃前推抬高，沿腹底壁与瘤胃之间形成了空隙，真胃通过瘤胃下方移到左侧腹腔置于瘤胃和左腹壁之间，当分娩后腹腔压力减小，瘤胃由于重力下沉而使真胃不能收缩恢复原位，引起左方变位。左方变位又称皱胃变位。

（6）由于真胃弛缓，皱胃有时可向前逆时针或向后顺时针旋转，在瓣胃和真胃孔附近以垂直平面呈现180°~270°的旋转，导致幽门不同程度的阻塞，称右方变位，又称真胃扭转。

临床上左方变位发病率高，是右方变位的十多倍。

二、主要症状与诊断

1. 食欲、反刍变化 患牛渴欲增加，尤其右方变位更加明显。完全变位病例反刍停止，食欲废绝。不完全变位病例多有一定食欲，但厌食精料、青贮等易产酸饲料，或食欲时好时坏，多可见反刍，但持续时间短，咀嚼次数减少。

2. 粪便变化 完全变位病例不见排便或仅见有少量糊状便。不完全变位病例见排便量减少，偏干，有时也有干稀交替现象。

（1）腹痛症状：完全变位腹痛剧烈，患牛蹬腹，不时起卧。不完全变位腹痛不明显，多数有磨牙现象。

（2）腹围变化：腹围变化明显，尤以完全变位为主。右方完全变位时右侧第10~13肋弓膨大，严重病例可延伸致肷部，形成半月状隆起，冲击触诊有明显拍水音。左方变位时在左侧后三肋弓区与右侧相比往往呈现膨大或局部隆起，有时也可延伸至肷部，可明显观察到与瘤胃蠕动不相符的半月状皱胃。

（3）听诊与叩诊检查：左方变位在倒数2~4肋间区域叩诊，

或在倒数1肋间上1/3处听诊，可听到清晰钢管音。右方变位可在右侧9~11肋弓区，严重的病例整个右侧腹腔叩出钢管音，在产生钢管音区进行听诊，可听到皱胃蠕动音，必要时在叩诊部可进行穿刺抽取内容物、检查其pH值，以确定是真胃还是瘤胃。

3. 全身检查　完全变位时全身症状明显，表现心力衰竭、脱水、碱中毒等危急症状。不完全变位全身症状较轻，病情弛张，多呈慢性消化不良症状。

三、防治方法

皱胃变位的治疗方法可分为保守疗法和手术疗法。

1. 保守疗法

（1）中药治疗：按中医辨证，本病病理机制为气滞血瘀，导致肚腹胀痛。治疗原则是通便导滞、理气活血，方用加味承气汤：大黄100克、枳实50克、厚朴50克、二丑50克、槟榔30克、木香20克、香附30克、莱菔子30克、川楝子30克、陈皮30克、当归50克。大黄、厚朴、枳实、二丑通便导滞，木香、香附、陈皮、莱菔子理气消食，当归活血化瘀，川楝子理气止痛。

（2）西药治疗：通便、止酵，用液状石蜡或植物油（如豆油）2 000~2 500毫升、鱼石脂30克（用酒精溶化后）一次灌服。

（3）支持疗法：补糖，维护全身功能状态；补钙，调节体内离子平衡，兴奋胃肠蠕动；用等渗氯化钠或林格尔液，缓解中毒等。

2. 真胃穿刺减压　在钢管音明显处剪毛消毒后用中型套管针（或长而粗针头）刺入进行真胃减压，在早中期多以排出甲烷气体为主，中后期排出气体、液体并存。排放一半后可向真胃注入止酵、轻泻、健胃剂（如鱼石脂酒精、液体石蜡、番木鳖酊）等。

3. 手术疗法 手术方法有左侧切口法和右侧切口法进行真胃复位，为使真胃在位置整复后不再回位复发，须对真胃进行固定，有大网膜固定法和大弯胃壁固定法。现介绍如下：

（1）右侧切口，胃壁固定法：站立保定，术部剪毛消毒。麻醉采用腰旁神经传导麻醉和术部浸润麻醉相结合。切口位置在右侧距腰椎 10~15 厘米，距最后肋弓 5~7 厘米处。由上至下做 20 厘米左右切口，切开皮肤，钝性分离各层肌肉；在此过程中，要注意止血，避开大的血管。腹膜暴露，用止血钳将膜吊起，切开腹膜，切开腹膜时要注意防止肠管和网膜涌出。

左侧变位时，术者手握一带导管的针头，伸入腹腔，经网膜隐窝上方瘤胃背囊达腹腔左侧，找到真胃，将针刺入真胃，放出气体或真胃液减压，待真胃体积缩小至正常时，将导管一端扎死后取出针头和胶管。真胃充满液体或食糜，体积很大能移出腹腔外时，可把创巾与真胃缝合一周与腹腔隔开，再在胃壁上做一小切口，放出胃内液体或食糜以减压，使真胃体积变小。

手握真胃大弯部试探性回拉真胃至右下方，不可强行牵拉，要检查有无粘连，发生粘连时要小心分离，分离后粘连部位涂上碘甘油。真胃复位后再检查一下瘤胃、瓣胃及十二指肠位置，异常时要进行整复。

最后固定真胃。在真胃大弯部做半个袋口缝合（不可穿透胃壁），若能把真胃托至体外更便于缝合。缝线两端各留出 1.2 米长，再把真胃纳入腹腔至生理位置，缝线留创口外。术者手臂再进入腹腔，确定缝线位置，以应对位置对应固定。在确定固定位置后，术者用手指压对应位置腹壁，确定体外位置，在此处剪毛消毒后做一 2 厘米切口，将留在创口外缝线两端连上直针，从腹腔内经切口穿出，检查缝线是否与网膜、肠管缠绕，最后拉紧缝线，打结固定。

（2）左侧切口，网膜固定法：保定、麻醉、剪毛、消毒方法同前。左肷部中下，距腰椎横突8厘米，向下垂直切口，长15厘米左右。腹腔打开后，将左方变位的真胃缓慢拉出创口外，真胃大弯网膜起始部间距5厘米，用双股缝线做3个纽扣状缝合固定线，线长2米，将3条线固定在创巾上。再将真胃送回，手压真胃，经瘤胃下方向右侧腹腔推挤，使之复位。术者持第一条固定线经瘤胃下方到右侧腹壁，确定应对位置后，同样方法让助手在右腹壁相应位置做1厘米长皮肤切口，用尖头止血钳刺入腹腔，夹住术者手中缝线，拉出皮外。用同样方法把第二、第三缝线也拉出皮外，术者再次检查真胃位置，助手牵拉3条缝线，确定真胃位置正常后，3条缝线打结固定在皮肤小口内，缝合皮肤。

4. 特别护理　治疗期间禁止采食精料、青贮饲料等易发酵产酸饲料。可自由采食干草，使真胃得以休整。饮水要适量，以奶牛正常饮水量一半为宜，在水中加少许食盐。适当运动，体质好的可驱赶运动，体质较弱、病程长的可适当牵蹓运动。

第十节　难　产

胎儿发育成熟，胎儿垂体分泌促肾上腺皮质激素释放素，引起肾上腺分泌大量糖皮质激素，在糖皮质激素作用下，母体胎盘分泌大量PGF2α，使黄体消退，解除对子宫的抑制，启动分娩。

胎儿能否顺利产出，取决于三个因素：产道、产力和胎位。

（1）产道：有由子宫颈、阴道组成的软产道和由荐椎、髋骨及荐坐韧带围成的骨盆腔硬产道两部分，难产的软产道因素以子宫颈口开张不充分多见；硬产道因素多为骨盆开张不充分，这多见于初产牛，且多与配种过早有关；有时胎儿过肥、过大，难以通过产道，也易出现难产；牛产道为“S”形，没有猪、马产道平直，这也是易出现难产之因。

（2）产力：包括子宫阵缩和腹肌收缩（努责）。因饲养管理失误，体质瘦弱、过肥或分娩持续时间太长，易出现阵缩和努责无力。

（3）胎位：胎儿头和两前肢前置，先进入骨盆腔为正生；胎儿伏卧于子宫中，背向上称上位。正生、上位为顺产。胎位异常（图 40）是难产常见原因，胎位重度异常时必须及时剖宫取胎，否则会引起母子双亡。

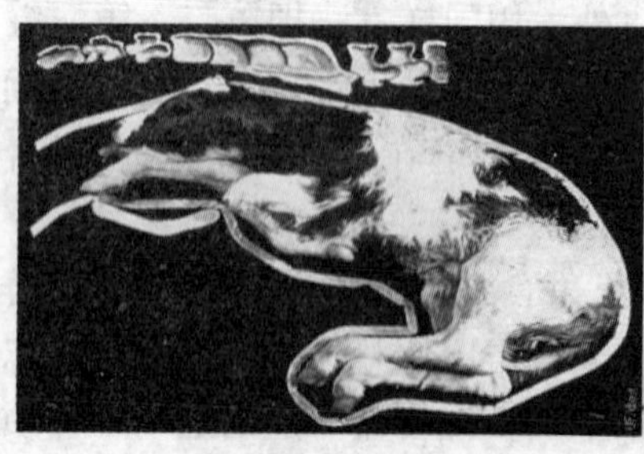
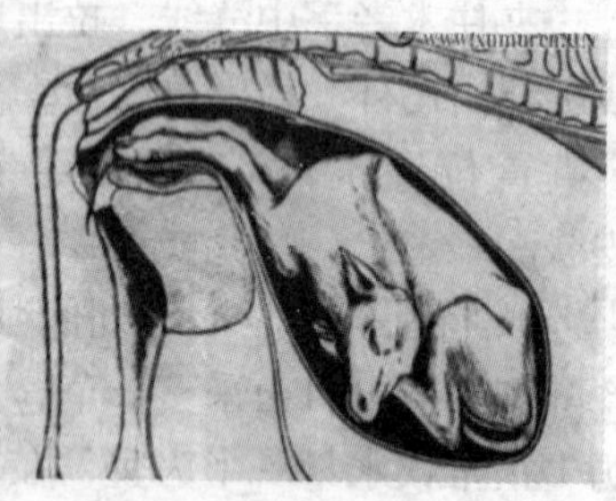

图 40　左前肢腕前置（左）和头颈部侧弯（右）

一、产前检查

难产原因，采取何种助产术，必须对产道和胎位进行仔细检查后确定。牛外阴部和术者手臂彻底清洗消毒后，术者再将手伸入产道，检查子宫颈口开张是否充分，产道是否狭窄，能否触摸到胎儿的头和两前肢，是否是背位正生，头是否在两前肢之间，两前肢是否有屈曲，同时要分辨是前肢或后肢。然后，再判别胎儿死活，将手指深入胎儿口中感知口腔和舌有无动作，或触摸脐动脉；倒生时触摸肛门感知有无收缩。

二、助产方法

（1）胎儿过大：首先向产道内灌注液状石蜡，两前肢系上

产科绳，在助手帮助下，待母牛努责时强行把胎儿拉出。胎儿过大或产道狭窄时要及时剖宫取出。

（2）子宫颈口开张不充分时，要立即注射雌激素，再用颠茄酊涂于子宫颈周围或用普鲁卡因于颈口周围点状封闭，刺激颈口，促使开张。

（3）努责无力时，在颈口充分开张情况下，可注射垂体后叶素 50 单位或新斯的明 2 毫升。

（4）胎位异常，若两前肢进入产道，头部侧弯或下弯，先把胎儿后送，再让助手用产科叉顶住肩部后推胎儿肩胛骨使胎儿退回腹腔，术者拉胎儿下颌进行矫正。若胎儿已经死亡，可用产科钩钩住下颌或眼眶，牵拉矫正。

（5）若前肢出现肩或腕前置，需把胎儿送进腹腔，然后把肩前置变为腕前置，手握胎儿蹄尽量上抬，再把蹄拉入骨盆腔矫正为正常。胎儿已死亡时，可用线锯把前肢从肩部截掉。

三、产后护理

（1）胎儿娩出后，对母牛一定要细心观察，看是否有频繁努责，如果努责严重要边牵蹓边按压腰部，阻止努责使子宫脱出。

（2）抗菌消炎，预防感染：可用青霉素 300 万单位，链霉素 4 克 1 次肌内注射，每 8 小时 1 次，连用 3 天；或用阿莫西林 5 克 1 次肌内注射，每日 2 次，连用 3 天。

（3）强心补液：10%葡萄糖 500 毫升、右旋糖苷 500 毫升，10%氯化钙 100 毫升一次静脉注射。依牛的精神状态，必要时可用糖皮质激素。

（4）中药：以补气养血，活血化瘀为原则。胎儿娩出后灌服四君加益母生化散：党参 50 克、白术 30 克、茯苓 40 克、炙甘草 25 克，名四君散，补益气血；益母草 50 克、川芎 20 克、当归 30 克，祛瘀血生新血。干姜 30 克暖下焦，驱除胞宫寒邪；

下焦虚寒重再加艾叶、小茴香；有出血时，加炒蒲黄；努责严重、子宫有脱出危险时，加枳壳；有腹痛时，加元胡索。

四、预防

（1）不可配种过早，因配种过早易出现产道狭窄。

（2）科学饲养，干乳期要把膘情调整至3.5～3.75，不可过肥。

（3）增强运动，牵蹓活动不但能增强胎儿活力，还能增强子宫收缩力。

第六章　霉菌毒素对奶牛的危害与防治对策

霉菌毒素是在田间或仓储过程中，寄生在谷物特别是玉米和饲草上的霉菌产生的有毒代谢产物。霉菌毒素不但能降低饲料营养效价，致癌、致畸、致突变，产生免疫抑制，使奶牛多个实质脏器发生慢性进行性病理损伤，而且能分泌到乳汁中，严重威胁人类的健康。

第一节　霉菌毒素的特性

1. 饲料、饲草普遍污染　养殖业最常用的原料是玉米，而玉米是最易感染霉菌的谷物，不论在田间或仓储，都很易感染。河南境内玉米，随便抓一把，从中可找出 3~5 个霉籽（轻度至中等霉变），通过河南亿万中元化验室检测，玉米赤霉烯酮含量在 2 000 微克/千克左右。以此玉米为原料配制成的玉米——豆粒型全价饲料含玉米赤霉烯酮 1000 微克/千克。国家饲料卫生标准是≤500 微克/千克，超标 2 倍。

2. 毒素化学性质十分稳定　毒素耐热性很强，加热熟化等高温处理不能将其分解破坏。瘤胃中微生物发酵降解率也不高，如图 41，且降解后仍有毒性，如黄曲霉毒素 B_1，在肝脏降解为黄曲霉毒素 M_1 进入奶中，毒性仍极强。

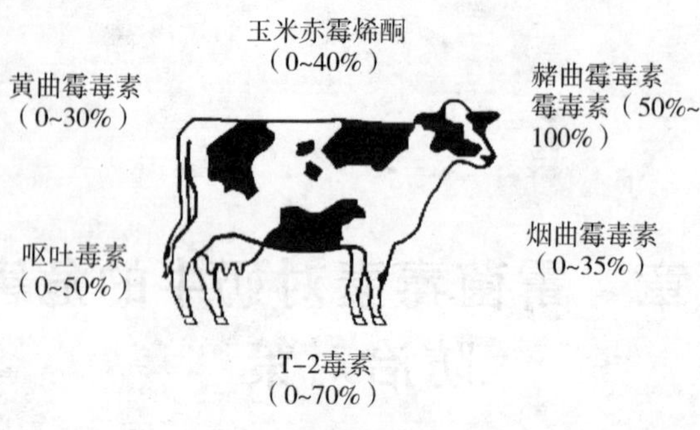

图 41　霉菌毒素瘤胃代谢

3. 致病阈值很微量　黄曲霉毒素，每千克日粮中超过 0.7 毫克便可引起生长阻滞，将饲料报酬降低。呕吐毒素每千克超过 0.3 毫克，会引起产奶减少。玉米赤霉烯酮超过 0.5 毫克/千克，将严重影响繁殖性能。

4. 霉菌毒素毒性叠加、协同作用　霉菌毒素中毒，很多时候是复合性中毒。如多种真菌均易在玉米上生长繁殖产毒，且因所产毒素毒性的协同、叠加作用，使中毒的阈值更小，致病力更强。

5. 中毒多为慢性蓄积性，且见多个实质脏器产生慢性进行性损伤　急性中毒很少见，多数为慢性蓄积性中毒。多数中毒为复合霉菌毒素中毒，且不同毒素亲嗜不同的实质器官，最终导致多系统器官衰竭，特别是肝脏、肾脏受损严重。

6. 免疫系统受损伤，免疫应答被抑制　如呕吐毒素可使 IgG 水平低下，霉菌使肠系膜淋巴结干扰素 r 表达下降，肠道防卫能力减弱。

7. 中毒症状多样性　霉菌毒素有主嗜性和泛嗜性，产生肝毒性、肾毒性、心血管毒性、细胞毒性、神经毒性、类雌激素样毒性等，故临床症状极其多样。

第二节　常见霉菌毒素中毒的临床症状

1. 单端孢霉烯族毒素　主要有 DON（呕吐毒素）、T-2 毒素。广泛存在于禾谷类作物中。T-2 毒素有很强的细胞、消化器官、血液和免疫毒性，能引起肠炎，导致腹泻、腹痛、呕吐、拒食。DON 毒素具有细胞毒性和免疫毒性，引起免疫抑制，诱导细胞凋亡，中毒症状与 T-2 相似。

2. 玉米赤霉烯酮（F-2）　α-玉米赤霉烯酮的生物活性是雌激素的 138 倍。存在于玉米和牧草上。靶器官为生殖器官。蓄积中毒见于生殖器官充血肿胀，卵巢囊肿，频发情，假发情，乳房肿胀，自行泌乳，诱发乳腺炎，不受孕，流产死胎，木乃伊胎。

3. 黄曲霉毒素　存在于玉米、青贮玉米、花生和棉籽中，泌乳期精饲料中允许量≤10 微克/千克。黄曲霉毒素 B_1 毒性最强，在肝脏降解为黄曲霉毒素 M_1 后，毒力仍很强。黄曲霉毒素 M_1 被分泌到奶中，威胁人类健康。靶器官主要是肝脏，蓄积中毒导致肝细胞变性，引起肝硬化、肝癌，采食量下降，泌乳量减少，饲料效率低下，免疫抑制易发病，组织修复和蛋白合成受阻。

4. 赭曲霉毒素　肾脏是第一靶器官，对肝脏也有一定毒性，可导致肾小管变性和功能损伤，抑制采食和增重，降低生产性能。慢性中毒主要表现为剧渴和多尿。

5. 烟曲霉毒素　靶器官是肺和平滑肌，能引起呼吸障碍，震颤、抽搐和运动失调。

因霉菌毒素中毒多为复合型，所以临床多见产奶量下降、采食量减少、繁殖障碍、代谢病增多、免疫抑制、传染病多发、消化道功能失调、出现酸中毒、肠炎腹泻、神经行为紊乱，出现心律不齐、呼吸促迫、躁动不安等。

第三节　霉菌毒素中毒的防治对策

在我国黄淮地区的广大农村，夏季高温多湿，是霉菌最易繁殖的季节，采取快速烘干法阻断霉菌在谷物籽实和秸秆（饲草）上的繁殖，杜绝霉菌毒素污染，当前是不现实的。不喂霉变饲料和饲草，几乎没有可能。河南的玉米中玉米赤霉烯酮含量可高达11.8毫克/千克，一般玉米副产品DDGS含量又比玉米高2~3倍。所以，现在预防霉菌毒素中毒，除尽可能减轻玉米和饲草（如花生秧）霉变外，最可行的办法就是饲料中加霉菌毒素解毒剂。市面上霉菌毒素解毒剂分两类：物理性吸附类和酶降解剂。

1. 物理性吸附类　包括蒙脱石、硅铝酸盐和酵母细胞壁等，为多孔大分子。其缺点：只能吸附比自身孔径小的物质；其吸附作用无选择性，一些维生素、微量元素可能被同时吸附，随粪便排出。

2. 酶降解剂　其代表产品是河南亿万中元生产的霉立解。其有效成分是枯草芽孢杆菌特定菌株发酵过程中分泌的蛋白质胞外酶。能使黄曲霉毒素、玉米赤霉烯酮和单端孢霉烯族毒素的活性中心裂解而失去毒性，如图42。

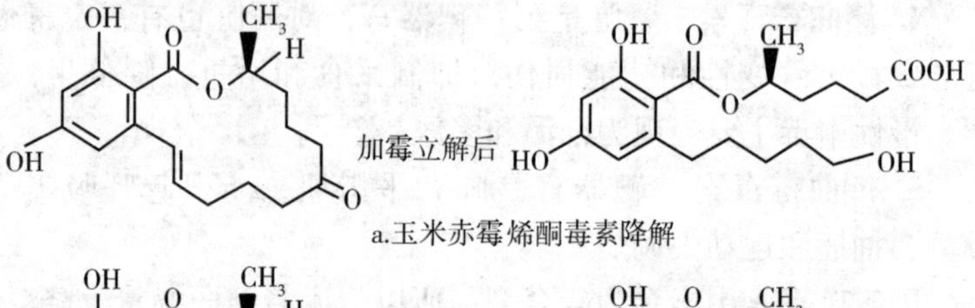

加霉立解后

a.玉米赤霉烯酮毒素降解

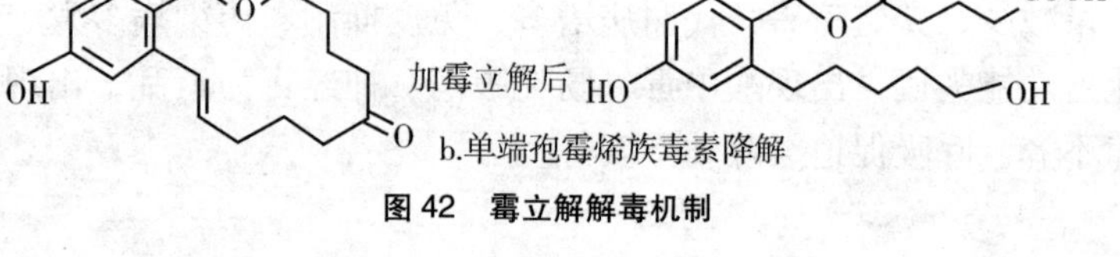

加霉立解后

b.单端孢霉烯族毒素降解

图42　霉立解解毒机制

此外，霉立解是含大量枯草芽孢杆菌的发酵液，枯草芽孢杆菌为非肠道益生菌，有很强抗逆性、抗胃酸、抗胆碱、抗高温，能耐高温制粒；有很强的抗菌性，在肠道能大量繁殖，通过生物夺氧、定植抗力作用能抑制肠道有害菌大肠杆菌、沙门杆菌、金黄色葡萄球菌的繁殖；且菌体成分既能提供营养，又能帮助肝脏解毒。所以，霉立解既是霉菌毒素的高效解毒剂，又是畜禽肠道微生态活性剂，还兼有营养和解毒作用。

然而，饲料中添加霉菌毒素解毒剂，是不得已而为之，根本的解决之道是控制霉菌在饲料、饲草上繁殖，杜绝霉菌毒素对饲料、饲草的污染。

第七章　奶牛场生物安全体系

生物安全体系是阻止传染源进入牛场，控制疫病在牛场传播，减少或消除疫病发生的诸多措施之总和。属牛群管理策略，是一系统、连续、有效控制疫病发生和传播的方法。

第一节　设施性生物安全措施

一、场址选择

牛场场址选择一定要充分考虑防疫要求，如地势要高、排水通风要方便，符合当地村镇建设发展规划；要离居民区、其他养殖场、屠宰场、畜产品加工厂、畜禽交易市场、风景旅游区等区域不少于 1 000 米。

二、牛场规划与布局

场区设计要按管理与技术服务区、生产区（饲养、挤奶）、隔离区与粪尿处理区三个功能区布局，各区单元的布局要方便生产，各单元设置应尽量减少人员、牛只交叉。管理与技术服务区位于常年主导风向的上风向，地势较高处。隔离区与粪尿处理区位于下风向，地势较低处，应距牛舍不少于 200 米。各区界限要分明，要相对独立，要有隔离和消毒设施。人员跨区作业时应严

格消毒。牛场四周需建围墙或防疫沟等隔离带，牛场入口处要设车辆强制消毒设施。

第二节 技术性生物安全措施

一、人员、车辆管制

（1）客访：原则上生产区谢绝参观，非生产人员不得进入生产区，确需进入的，必须在消毒室内更衣、洗手，消毒后方可进入，最好经淋浴后更衣，再从消毒室消毒后进入。

（2）本场人员：技术人员和生产区职工采取连续上班集中休假制。休假返场后必须淋浴、洗澡、更衣，消毒室消毒后进入生活区。因附着在衣服、鞋帽和头发上的病原微生物存活时间很长，如口蹄疫病毒能存活 28 小时，所以必须在生活区停留 1 天后，再从生活区进入生产区。

（3）车辆：场内外运输车辆和用具要严格分开，场内的仅限于场内使用，场外物品运输到场内库房后再由场内车辆转运，场内车辆不得出场。外来车辆，包括运牛、运奶和运饲料车辆及司机一概不准进入生产区。

二、牛场消毒

消毒是杀灭和清除牛场病原微生物的重要措施，是切断病原微生物传播的重要手段，必须给予足够重视，使其经常化、制度化、规范化、程序化。

（一）常用消毒药物

（1）碱类：对病毒、芽孢、寄生虫卵、细菌繁殖体都有很强杀灭作用。如 3%~5%氢氧化钠水溶液，用于环境消毒、空舍消毒。

（2）卤素类：多为氯、碘及能释放氯、碘的化合物。

1）氯制剂：如漂白粉（含氯石灰），含有效氯25%~30%，水中分解出初生态氧和活性氯，对病毒、细菌、芽孢和真菌有杀灭作用。用于牛舍、料槽、水槽、运动场消毒，现配现用。牛舍地面、墙壁消毒，用10%~20%漂白粉乳剂喷洒；饮水消毒，每立方米水加入漂白粉6~10克，30分钟后可饮用。

2）碘制剂：如聚维酮碘，牛舍正常消毒时10升水加1克，紧急消毒时1升水加1克；饮水正常消毒时20升水加1克，紧急消毒时3升水加1克。

（3）双季铵盐类：高效表面活性剂，对多种病毒、细菌、霉菌和寄生虫卵有杀灭作用。如百毒杀，600倍稀释后喷雾牛舍消毒。

（4）酸类：如过氧乙酸，0.05%~0.5%多用于环境和用具消毒，0.04%用于牛体消毒。

（5）醛类：如福尔马林，主用于熏蒸消毒。每立方米犊牛舍，甲醛28毫升，高锰酸钾14克，水21毫升，把水和高锰酸钾先放容器内混合，再加甲醛，空舍密封熏蒸消毒。

（二）牛场消毒

（1）大门消毒：每天用3%氢氧化钠溶液或生石灰等喷洒大门管辖范围及进出通道。外来人员必须经消毒通道消毒后通过，外来车辆包括饲料车、运奶车、运粪车要进行全车消毒后方可进入管理区或粪尿处理区，一律不能进入生产区。

（2）生产区消毒：犊牛舍每周消毒2次，最好轮换使用消毒药物；产房要彻底清洗，进行喷雾消毒；产后至60天饲养舍每周消毒3次。产后60~140天饲养舍、干奶牛舍、青年牛舍、育成牛舍每周消毒2次。每月全场场地清扫消毒1次。

（3）牛场员工：进入生产区要进行紫外线消毒，不得将工作服等带出场外。

三、严控饲料与饮水质量

水是牛重要的营养素，供水要充足，水质要严格控制。水质不良会引起大肠杆菌等消化道疾病。牛的饮用水应清洁无毒，无异味，色泽正常，符合人的饮用水卫生标准，即每毫升水中细菌总数小于100个或每升水中大肠杆菌群数少于3个。

饮水的净化与处理是控制牛群消化道疾病的重要措施。常用的消毒剂有氯制剂、碘制剂、复合季铵盐制剂等，场内供水塔可按8~10克/立方米投放漂白粉消毒。注意，饮水消毒剂的使用一定要严格按规定的浓度添加，切不可过量。饮水消毒是预防性的而非治疗性的，并且是切断水质污染所采取的不得已措施，根本的解决之道是净化水源、控制污染。

饲料在符合正常营养指标的前提下，还必须符合卫生指标，要防止在运输使用过程中被污染。对植物源性饲料，霉菌毒素一定要进行检测，最终使成品料中的各项卫生指标符合标准。

四、牛场疫病防疫与检疫

为推动奶牛业的规模化、标准化、规范化生产，必须坚持“以防为主”方针。

（1）牛场要配合检疫部门安排好每年春或秋季1次，3月龄以上牛群结核杆菌病、布氏杆菌病、副结核病的检疫。

（2）口蹄疫各地均高发，严重威胁牛场安全。必须年年按免疫程序科学免疫。

（3）炭疽、猝死症死亡率极高，牛场要严格按免疫程序，适时进行免疫接种。

（4）要定期开展牛传染性鼻气管炎、牛病毒性腹泻的血清学检查，发现病牛或抗体阳性时，应采取严格防疫措施，必要时注射疫苗。

（5）当本场或所在区域发生牛烈性传染病时，应进行该传染病的疫苗紧急接种。

五、主要传染病检疫监测和免疫参考程序

（一）口蹄疫免疫

口蹄疫病毒有 O、A、亚洲Ⅰ、C、非洲Ⅰ、非洲Ⅱ、非洲Ⅲ等 7 个血清型，60 多个血清亚型。我国流行的主要是 O、A、亚洲Ⅰ型，3~5 年大流行 1 次。病愈牛可带毒 24~27 个月。

主要感染偶蹄家畜及偶蹄野生动物，以口腔、蹄部和乳房皮肤发生水疱和糜烂为特征的急性、热性、高度接触性传染病。虽然多呈良性经过，但由于易感动物多、传播速度快、流行范围广，给养殖业带来的损失十分巨大。特别是犊牛可因心肌炎而突然死亡。

1. 免疫程序

（1）犊牛：3 月龄用三价苗首免，28 天后再加强 1 次，进入育成期再加强 1 次。

（2）成年牛：每隔 4 个月三价苗免疫 1 次，即每年 3 月、7 月、11 月各免一次。3 月龄内犊牛和产前 2 月内孕牛，不安排免疫接种。

2. 疫苗　三价苗（O、A、亚洲 I）、二价苗（O、亚洲 I）、单苗（O、A），以三价苗保护最好。无三价苗时，也可用 O、亚洲 I 二价苗先免，隔 7 天再免 A 型苗，替代三价苗。如犊牛首免 O、亚洲 I 二联，隔 7 天再免 A 型，间隔 1 个月再补强一次 O、亚洲 I 型二联，间隔 7 天再注 A 型。

3. 抗体效价　≥1∶128 时，保护率 99%。

（二）布氏杆菌病免疫

布鲁杆菌病为人畜共患的常见传染病。孕牛发生流产，公牛发生睾丸炎、附睾炎。头胎流产多，二胎后流产减少。老疫区流

产较少，主见子宫内膜炎、乳腺炎、关节炎、胎衣滞留、久配不孕，为病原携带者。通过消化道、呼吸道、生殖道感染，带菌动物、胎衣、流产胎儿、乳汁为主要传染源。

1. 免疫 布氏杆菌病只在疫区进行免疫接种。3~8 月龄犊牛接种，母牛、种公牛不接种。

2. 疫苗

（1）经典苗：流产布氏杆菌 S19 株苗。

（2）国产苗：牛种布氏杆菌 A19 株苗、猪种布氏杆菌 S2 株苗、羊种布氏杆菌 M5 株苗。

（3）国外产苗：流产布氏杆菌 S19 株苗、流产布氏杆菌 BR51 株苗。

（4）如猪布氏杆菌 S2 苗：最适口服，剂量 500 亿活菌，免疫期 2 年。一般在牛犊出生后 6 个月左右接种 1 次，18 个月左右再接种 1 次。

3. 监测 一年春秋两次监测。先平板凝集试验筛选，阳性者再进行试管凝集试验复核。奶牛场分为：净化场、阳性率 0.2%以下为稳定控制场、阳性率 0.2%~1%为控制场、阳性率大于 1%为污染场。净化场监测，稳定控制场监测加净化（图 43），控制场和污染场监测、扑杀和免疫相结合综合控制。

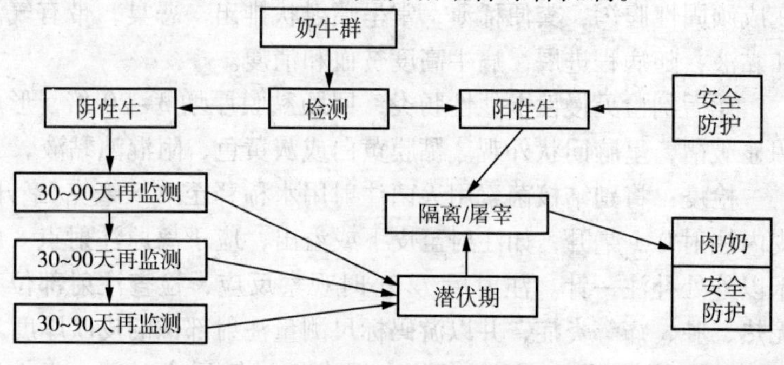

图 43 布病污染牛场监测净化流程

（三）结核病监测

牛结核分枝杆菌引起人畜共患的慢性消耗性传染病。人结核病有10%是由牛结核分枝杆菌引起的。近年来本病死灰复燃，最高牛场阳性率达60.3%。病程经过缓慢。肺结核见咳嗽、呼吸困难，进行性消瘦，一般体温正常。乳房结核见乳房淋巴结无热无痛硬肿，乳汁稀薄有时有脓块。肠结核多见于犊牛，以便秘拉稀交替或顽固性拉稀为主征。另外，还有淋巴结核和神经结核。

1. 检疫 用迟发性过敏反应，皮内注射法（PPD）。

2. 部位 颈部1/3处，皮内注射，提纯牛型结核菌素，注射量为0.1毫升（2 000单位）。

3. 判定 注射72小时后用游码标尺量皮肤厚度，2毫米以下为阴性，2~4毫米为可逆，4毫米以上为阳性。1月后再复检1次。

（四）副结核检疫

本病又称副结核性肠炎，是由副结核分枝杆菌引起的，特别是幼龄牛最易感。本病潜伏期长，可达6~12个月或更长，幼牛感染后，往往要到2~5岁时才表现出临床症状。呈散发或地方流行。

多在分娩后数周出现临床症状，早期出现间歇性腹泻，以后变成顽固性腹泻，粪便稀薄，常呈喷射状排出，恶臭，带有气泡和黏液，随病程进展，病牛高度贫血和消瘦。

死后剖检见慢性卡他性肠炎，回肠黏膜厚增3~20倍，形成明显皱褶，呈脑回状外观。黏膜黄白或灰黄色，附混浊黏液。

检疫：将副结核菌素用灭菌注射用水稀释至0.5毫克/毫升，皮内注射0.1毫升，如注射至皮下或溢出，应于离原注射点8厘米以外处补注一针。注射后72小时观察反应，检查注射部位有无热、肿、痛等炎症，并以游码标尺测量注射部位的皮肤厚度。

（1）阴性反应：注射部位在迟发性过敏反应时间，炎性反

应不明显，皮厚差≤2.0 毫米。

（2）阳性反应：局部有炎性反应，皮厚差≥4 毫米。

（3）可逆反应：局部炎性反应不太明显，皮厚差为 2.1~3.9 毫米。可视情况在 3 个月后复检，于注射部位对侧的相应部位进行相同的操作，72 小时后皮厚差≥4 毫米，则判为阳性。阳性者应立即淘汰处理。

（五）炭疽免疫

炭疽病为人畜共患病。病原为炭疽杆菌，革兰氏阳性，能形成芽孢，芽孢生存力特别强，能在土壤中生存 30 年。加热 100℃ 2 小时才能全部杀死。牛感染炭疽多见败血型，最急性者不见任何症状，突然死亡；急性者，体温升高，呼吸促迫，心跳加快，瘤胃鼓气，步态不稳，很快死亡；亚急性见炭疽痈或肠痈。死后天然孔出血，尸僵不全。疑炭疽死者，死后严禁解剖。

1. 免疫　每年 10 月进行炭疽芽孢苗免疫注射，免疫对象为出生 1 周以上的牛，次年的 3~4 月补免一次。

2. 疫苗　炭疽疫苗有三种，使用时任选一种。

（1）无毒炭疽芽孢苗：一岁以上的牛皮下注射 1 毫升。一岁以下的牛皮下注射 0.5 毫升。

（2）Ⅱ号炭疽芽孢苗：大小牛一律皮下注射 1 毫升。

（3）炭疽芽孢氢氧化铝佐剂苗或浓缩芽孢苗：为上两种芽孢苗的 10 倍浓缩制品，使用时以 1 份浓缩苗加 9 份 20%氢氧化铝胶稀释后，按无毒炭疽芽孢苗或Ⅱ号炭疽芽孢苗的用法、用量使用。以上各苗均在接种后 14 天产生免疫力，免疫期为 1 年。

（六）猝死症免疫

本病以发病急、病程短、死亡快、病死率高为主要特征。症状不明显，常见突然倒地，四肢划动如游泳状，几声哞叫便很快死亡，所以称为奶牛“猝死症”。大、小奶牛都可能发病，但以犊牛、孕牛和高产牛多发。一年四季均可发病，但以春秋两季为主。剖检以消化道和实质器官出血为主征。病原是自然界广泛存在的A型魏氏梭菌。

疫苗：牛羊厌氧氢氧化铝菌苗。奶牛：皮下或肌内注射，每头5毫升。本品用时摇匀，切勿冻结。病弱奶牛不能使用。

（七）牛传染性胸膜肺炎

牛传染性胸膜肺炎也称牛肺疫，是由丝状霉形体引起的对牛危害严重的一种接触性传染病。主要通过呼吸道感染，也可经消化道或生殖道感染。多呈散发性流行，常年均可发生，但以冬春两季多发。非疫区常因引进带菌牛而呈暴发性流行；老疫区因牛对本病具有不同程度的抵抗力，发病缓慢，通常呈亚急性或慢性经过，往往呈散发性。我国已消灭本病，但2004年在贵州又有疑似本病发生。

急性型体温升高至40~42℃，有浆液或脓性鼻液流出。呼吸高度困难，呈腹式呼吸，有吭声或痛性短咳。听诊时肺泡音减弱，最后窒息而死。病程5~8天。亚急性型，症状与急性型相似，但病程较长，症状不如急性型明显而典型。慢性型见病牛消瘦，老疫区多见，有的无临床症状但长期带毒，故易与结核相混，应注意鉴别。其病理特征为纤维素性肺炎和浆液纤维素性肺炎。

疫苗：国外研制的有V5、T1、KH3J，我国产的有兔化弱毒苗。V5苗是V5毒株在培养基上繁殖制备的弱毒苗；T1是自然病例分离的弱毒株；KH3J是通过鸡胚50代的弱毒株。我国研制的有兔化弱毒苗，是强毒株经兔和培养基交替传代至320~359代，接种于兔胸水制成。免疫期为1年。若当地有疑似本病发生时，可依据情况安排免疫。

（八）牛多杀性巴氏杆菌病（牛出败）

本病是由多杀性巴氏杆菌引起的以高热、肺炎、急性胃肠炎和内脏广泛出血为主征的急性败血性传染病。本菌为条件病原

菌，常存在于健康畜禽的呼吸道。当牛饲养管理不良、疲劳运输等因素使机体抵抗力降低时，该菌乘虚引发内源性感染，经淋巴液入血液引起败血症。主要经消化道感染，其次通过飞沫经呼吸道感染。该病常年均可发生，在气温变化大、阴湿寒冷时更易发病；常呈散发性或地方性流行。

以临床症状可分为急性败血型和肺炎型。急性败血型见病牛体温升高，食欲废绝，反刍停止，腹痛，泻粪恶臭混杂黏液或血液，一般病程为12~36小时，败血死亡。肺炎型病牛主要表现纤维素性胸膜肺炎症状，体温升高，呼吸困难，痛苦干咳，有泡沫状鼻汁，肺部听诊有支气管呼吸音，眼结膜潮红，流泪。有的病牛会出现带有黏液和血块的粪便。本病型最为常见，病程一般为3~7天。

牛多杀性巴氏杆菌灭活苗，每年春秋季各免疫1次，皮下或肌内注射，体重100千克以下的牛4毫升，100千克以上的牛6毫升。

（九）牛流行热

牛流行热病毒为单股负链RNA病毒。病牛是主要传染源，吸血昆虫是主要传播媒介。犊牛很少发生，主要感染3~5岁牛。该病流行具有明显的季节性，多发生于雨量多和气候炎热的6~9月。流行迅猛，短期内可使大批发病。流行还有一定周期性，3~5年大流行一次。病牛多为良性经过，死亡率为1%~3%。

以临床症状可分呼吸型、胃肠型和瘫痪型三型。呼吸型最急性者多于发病后2~5小时死亡，高热流泪，口流泡沫，张口伸舌，呼吸高度困难。急性者高热流泪，呼吸困难，眼结膜充血水肿，病程3~4天，多数痊愈。胃肠型见发热流泪，鼻流黏液，呼吸困难，反刍停止，粪便干黄，个别牛见腹泻腹痛，病程3~4天，预后良好。瘫痪型见四肢关节肿胀疼痛，卧地不起，多数无体温反应。

免疫：在可能发生大流行前，进行流行热灭活苗2次接种，间隔3周，颈部皮下注射，成牛4毫升，犊牛2毫升。

（十）传染性鼻气管炎（IBR）

本病为牛的一种急性、热性、接触性呼吸系及生殖系传染病。病原是牛疱疹I型病毒，本病毒为球形颗粒，双链DNA，衣壳为正二十面体。有3个血清型（1，1.2a，1.2b）。病毒潜伏于三叉神经感觉神经元和扁桃体的淋巴结次生发中心、荐神经结，终生带毒。多为隐性感染，不定期排毒，因应激复发，通过精液感染最为危险。

1. 分型 以临床症状可分以下几种类型。

（1）呼吸道型：最常见的一种类型，高热，鼻气管发炎，黏脓性鼻液，鼻黏膜高度充血，呈火红色。流泪流涎，呼吸高度困难，但咳嗽不常见。

（2）生殖道型：表现脓疱性外阴道炎，阴门、阴道黏膜充血。公畜表现为龟头包皮炎。流产一般见初胎青年母牛怀孕期的任何阶段，也可发生于经产母牛。

（3）脑炎型：易发生于4~6月龄犊牛，病初表现为流涕流泪，呼吸困难，之后肌肉痉挛，兴奋或沉郁，角弓反张，共济失调，发病率低但病死率高，可达50%以上。

（4）眼炎型：表现结膜角膜炎，一般无全身反应，常与呼吸道型合并发生。一个场多数只出现一个型。

2. 疫苗

（1）减毒（弱毒）苗：肌内注射。减毒不充分有导致流产危险，孕牛一般不接种；犊牛接种能降低免疫力，6月龄以下犊牛不接种。有鼻腔内喷雾弱毒苗，孕牛和犊牛均可接种，免疫期为1年，需每年补强一次。

（2）灭活苗（死苗）：安全，初次免疫须接种2次，以后每年补强1次。因疫苗毒和野毒之间有交叉反应，与野毒感染无法

区分。

(3) 基因缺失苗（亚单位苗）：接种后能有效保护，且又能与野毒感染区分，为预防 IBR 的首选方法。最成功的是美国产的 IBRV-1 的 TK 基因缺失苗。

(十一) 蓝舌病 (BT)

蓝舌病是以昆虫为传染媒介的反刍动物的一种病毒性传染病。蓝舌病病毒属于呼肠孤病毒科、环状病毒属。为一种双股 RNA 病毒。已知病毒有 24 个血清型，各型之间无交互免疫力。病牛、病羊是主要传染源，可通过公畜精液传染，通过胎盘感染胎儿。发病有严格的季节性，多发生在湿热的夏季和早秋，特别是池塘、河流较多的低洼地区。

本病 1976 年首次发生于南非绵羊，我国 1979 年云南首次确定绵羊蓝舌病存在。患牛高热稽留，唇肿流涎，口腔黏膜充血，后发绀，呈青紫色。发热几天后，舌黏膜糜烂，致使吞咽困难；唾液呈红色，口腔发臭。鼻流黏性分泌物，有时蹄叶发生炎症性跛行。

可采用琼脂凝胶免疫扩散试验、免疫荧光试验、酶联免疫吸附试验等方法监测。流行区每年需接种弱毒苗或灭活苗。

六、牛场驱虫

奶牛的寄生虫病常见的有吸虫、线虫、绦虫和外部寄生虫。寄生虫除引起组织机械损伤外，还吸取养分，分泌毒素，对牛体健康会造成严重损害。常用驱虫药有：硫苯咪唑、吩苯达唑、伊维菌素等，由于药物在奶中有残留，所以，在使用上必须注意。近年开发的新药乙酰氨基阿维菌素，泌乳期可以使用。

每年春秋两季要全群驱虫，根据当地或本场寄生虫感染程度和流行特点制定驱虫程序。犊牛断奶前后要进行保护性驱虫，防止断奶后产生的营养应激，诱发寄生虫侵害。母牛要在产前 1 个月进行驱虫，以保证母牛犊牛免受寄生虫侵害。育成牛在配种前要驱虫，以提高受胎率。新进奶牛必须驱虫并隔离 45 天，进行必要的检疫防疫后，方可合群。转舍或转场前要驱虫，以减少对新舍污染。